我是魅力演说家

洪秦平　周建青　编著

用演说改变命运，
把不可能变成可能

胆怯、紧张，不知如何开口？
说话没有技巧，遭遇尴尬？
张嘴就磕磕绊绊，让人失去耐心？

中国经济出版社
CHINA ECONOMIC PUBLISHING HOUSE
·北　京·

图书在版编目（CIP）数据

我是魅力演说家／洪秦平，周建青编著．—北京：
中国经济出版社，2015.8
ISBN 978－7－5136－3901－9

Ⅰ.①我…　Ⅱ.①洪…　②周…　Ⅲ.①成功心理－
通俗读物　Ⅳ.①B848.4－49

中国版本图书馆 CIP 数据核字（2015）第 174349 号

责任编辑　杨　莹　郑潇伟
责任审读　贺　静
责任印制　巢新强
封面设计　任燕飞

出版发行　中国经济出版社
印 刷 者　北京科信印刷有限公司
经 销 者　各地新华书店
开　　本　710mm×1000mm　1/16
印　　张　14
字　　数　170 千字
版　　次　2015 年 8 月第 1 版
印　　次　2016 年 3 月第 3 次
定　　价　48.00 元
广告经营许可证　京西工商广字第 8179 号

中国经济出版社　**网址**　www.economyph.com　**社址**　北京市西城区百万庄北街 3 号　**邮编**　100037
本版图书如存在印装质量问题，请与本社发行中心联系调换（联系电话：010－68330607）

前言 语言的力量

最近，随着《超级演说家》《我是演说家》《开讲啦》《青年中国说》等电视栏目的热播，社会上又形成一股演说的热潮，观众们不仅被台上选手及演说者的舞台魅力所折服，更被选手及演说者的故事与演说内容深深打动，为社会传播一股正能量。

笔者多年来从事社团的组织与服务工作，在各种场合也见过许多的企业家朋友因为演说出色而大大增添个人魅力，在圈子内建立很好的口碑和威信，也见过许多企业家朋友因不敢上台说话而错失很多的商业机会，甚至有很多企业家朋友花了巨资赞助活动或组织招商会议，却因在台上的演说不好而使活动的效果大减，不但没有给企业加分，反而会出现负面影响。

其实，驰骋商海风云，笑傲春秋人生；掌握演说智慧，胜过百万雄兵。

在人生的舞台上，我们靠什么打造卓越团队，传承企业文化？靠什么建立高端人脉，帮助事业飞黄腾达？靠什么提升卓越领导力，成为商界超级领袖？我们又如何凭借公众演说创造财富？如何凭借公众演说建立品牌、打开通路？如何凭借公众演说打造一呼百应的超级影响力？这些都是每个想要成功的人应该深入思考的问题。

卡耐基说："一个人的成功15%靠专业知识，85%靠人际沟通！"

丘吉尔说："一个人可以面对多少人，就代表这个人的人生成就有多大！"

奥巴马说："第一名靠什么？靠态度、信念、服务、说服及公众演说的能力！"

无论世界首富还是政界领袖，无论商界巨头还是团队领导人，他们都是演说大师，说服力高手！

在人类的历史上，话语权从来就是一种很重要的权利，谁掌握了话语权，谁就拥有了达成目标的主动权，而演说能力就是获得这种话语权的最好途径。演说同时还是一种威力无比的武器，运用它可以捍卫自己，取得竞争优势，通过它可以增强勇气，获得斗争的力量。第二次世界大战期间，英国首相丘吉尔就是靠他的演说不断地鼓舞英国民众，最终取得"二战"的胜利。

演说能改写历史，一个组织、团队及个人也同样能够通过演说改变命运。国父孙中山先生就是通过公众演说，不断地宣传共和的理念，发起十余次革命起义，最终推翻封建统治！伟大领袖毛主席通过公众演说，团结全国各界爱国人士，最终建立新中国！美国总统奥巴马通过公众演说，宣扬治国方针，最终成为美国历史上的第一位黑人总统！

如今，商场如战场，高手过招，比的是资源整合，拼的是商业模式和领导魅力，而顶尖的公众演说和现场行销能力更是商界领袖、企业总裁驰骋商海，成功制胜的撒手锏！当代知名的企业家，从柳传志、张瑞敏、任志强、牛根生到中国新首富马云，从微软的比尔·盖茨到苹果的乔布斯，这些成功的企业家无不具有优秀的演说能力，这种能力不仅提升他们的个人魅力，吸引更多的优秀人才与资源，也在他们产品宣传、品牌传播、市场推广中起到了非常重要的作用。

作为一名企业家或企业的经营者，我们需要鼓舞我们的员工，说服我们的供应商和客户与我们合作，推广我们的企业、品牌、产品。我们需要面对很多场合的致辞，说话及上台演说是我们作为企业经营者最主要的工作。掌握演说的能力不仅能增加我们的个人魅力及影响力，对企业的经营也起到很大的影响。演说能力不仅是我们叱咤商场的制胜法宝，也决定了我们生活的品质，事业的成就！公众演说是终生受用的技能，是一辈子的财富！

很多人有一个误解，以为这些成功的演说家都是天生的，其实，演说是一种能力，很多成功的演说家都是从各种羞辱和多次失败中走过来的。美国著名小说家及演说家马克·吐温，美国总统林肯、杜鲁门都是从开始不会演说，经过训练，不断总结提升，最终成为成功的演说家。有一部电影叫《国王的演说》，建议大家去看看，此片讲述一个口吃的国王是如何通过艰苦的训练最后成为一名优秀的演说家的。

演说既然是一种能力，就有它的规律可循，可以通过训练不断提升。一个人能站起来当众演说，只是迈向成功的关键性一步，要做到言之有物、言之有理、言之有情，特别是要做到打动人心，有效传播思想，增强舞台魅力，还需要不断地学习与训练。

为了帮助笔者服务的几个社团成员掌握演说这项技能，帮助更多的会员提升演说能力，笔者将自己多年来学习公众演说的一些心得总结成这套公众魅力演说之乾坤八式，并与著名的企业教练周建青老师一起开办了多期企业家魅力演说训练营，帮助许多企业家朋友提升了公众演说的水平。

实践证明，这套公众魅力演说之乾坤八式深入浅出，对于广大爱好演说的朋友有非常好的指导作用。为了更好地传播这套方法，特出此书，希望更多的读者学习之后能对他们有所帮助，从害怕舞台到喜爱舞台，从敢说到会说，为自己将来事业的发展增添一项新的武器，也为社会传播更多富有正能量的信息。

最后，感谢企业家魅力演说训练营的所有学员给予课程的肯定与反馈意见，感谢姚飞与涂明丽同学对本书所做的校对工作及何文文同学为本书所画的部分插图，感谢支持训练营工作的所有朋友，因为有大家的共同付出，才能有本书的出版。

在开始本书的学习之前，请各位读者先思考一下自己是否有以下的问题：

是否有时台下想的很好，可一上台，就语无伦次，词不达意？

是否有时感觉人一多，场合稍微正式就会紧张恐惧，说不出话来？

是否有时在私底下准备得很充分，一上台就忘得一干二净？

是否曾因讲话词不达意，思路不清，主题不明，条理不分而缺乏说服力？

是否曾因讲话没有新意、演讲不清晰，而缺乏吸引力？

是否想在众人面前侃侃而谈？

是否想提高自己的当众讲话能力以获得更好的发展？

是否想在面试或者竞聘的时候能够脱颖而出？

是否经历过辛辛苦苦几十年，不如会上发一次言的痛苦？

本书专为解决以上问题而写。如果你有以上的任何问题，欢迎你进入本书的学习与训练！

演说水平测试表

友情提示：本测试是为配合本书的学习，对测试者演讲水平做一个客观而真实的反映。请调整心态，放下面子，选你所能做到的，而不是你所期望的。

序号	问题	答案
1	从心态来讲，你在演讲时是否紧张？	A. 紧张得要命，大脑空白 B. 每次都会，但能调整 C. 重要场合才紧张 D. 从来不紧张
2	从准备工作上来看，你是否留出充分时间做全面的背景研究（听众、会场、内容、道具等）？	A. 从不 B. 有时 C. 经常 D. 总是
3	演说前你是否有思考演说想要达到的目的？	A. 没有目的概念 B. 偶尔会想到 C. 经常会想到但不刻意要求达到 D. 每次都会想到并力求达到目的
4	演说前你是否注意自己的着装？	A. 从不注意 B. 有时注意 C. 经常注意 D. 总是注意
5	你是否准时到场？	A. 有时迟到 B. 准点到 C. 提前到 D. 提前到并做好相关准备
6	在演说过程中，对于态势语言（肢体动作），你通常能否做到？	A. 从没想过这些 B. 偶尔做一些动作 C. 经常做但机械呆板 D. 经常做，感觉不错

续表

序号	问题	答案
7	对于自己的演讲声音，你的评价是？	A. 声音平淡，缺少节奏 B. 声音过快或过慢，过高或过低 C. 节奏无法与内容匹配 D. 节奏适当，表达流畅
8	你的演讲是否一开始就能吸引听众的注意力？	A. 没有概念，不会 B. 偶尔会 C. 经常会 D. 一直都会设计好开头
9	在整个演讲过程中，你是否与所有听众保持目光接触？	A. 从没想过这些 B. 偶尔接触 C. 经常接触 D. 一直保持接触，感觉良好
10	你在演说结束时是否有意识地做个有力的结尾？	A. 从来不会，讲完就完了 B. 偶尔会 C. 经常会 D. 一直都会设计好结尾
11	对于演讲主题和观点，你能够做到的是？	A. 观点模糊 B. 有观点，但平淡 C. 观点啰唆，缺少概括性 D. 观点高度概括
12	对于演讲结构设计，你能做到的是？	A. 不知如何设计 B. 结构层次不清晰 C. 结构有层次，逻辑不严谨 D. 层次分明，结构严谨
13	对于演讲的具体内容，你能做到的是？	A. 内容空洞不具体 B. 言之有物但不够通俗 C. 道理多故事少 D. 条理清楚，内容生动，引发共鸣
14	对于演讲的控场互动，你能做到的是？	A. 没有概念，不会 B. 演讲现场有些散漫 C. 气氛可以，但不会互动 D. 能控场，会互动

续表

序号	问题	答案
15	在演说的过程中你是否运用比喻、排比、幽默等技巧？	A. 没有概念，不会 B. 偶尔无意识用到 C. 经常用 D. 一直都在用
16	对于一些特殊的场合，你是否明白该怎么演说？	A. 没有概念，想到哪儿说到哪儿 B. 有一个基本套路 C. 还好，能根据场合讲合适的话 D. 胸有成竹，不同场合都能根据不同的套路从容应对
17	面对突然被要求公众演说，你怎么处理？	A. 很紧张，不知说什么 B. 不紧张，随便说说 C. 还好，能根据场合讲合适的话 D. 任何时候都能从容应对
18	从场景来说，你的演讲能做到的是？	A. 很少考虑场景 B. 想到场景，不清楚要注意哪些 C. 了解具体场景，不知如何结合 D. 能够结合场景讲话
19	从演讲总体效果来讲，你的演讲是？	A. 演讲不能入情景 B. 感情平淡，缺少说服力 C. 有感情少激情 D. 有感情有激情感染力强
20	演说过程中你是否能够有效地控制好时间？	A. 没有概念 B. 有概念，但经常会提前或超时 C. 基本上能 A. 每次都能把握好时间
21	演说结束后你是否有评估一个演说是否达到目的？	D. 从来没有概念 E. 有概念，但经常没有达到 F. 偶尔达到 G. 经常达到
22	你的演说是否有自己的特色？	A. 从来没有 B. 偶尔场合会有 C. 经常会 D. 一直都有

说明：A 项得 1 分，B 项得 2 分，C 项得 3 分，D 项得 4 分。如果你每一项的得分是 4 分，说明你在这方面做得很好；如果低于 3 分则需要加油了。如果你的总分在 70 分以上，说明你演说水平已经比较高了；如果低于 60 分就需要努力了。

CONTENTS 目录

說

【第一篇】

魅力桩功：扎牢马步，明确目标

学习一项技能一定要从最基本的知识开始。《大学》里说：“知止而后有定，定而后有静，静而后能安，安而后能虑，虑而后能得。物有本末，事有终始。知所先后，则近道矣。”知道我们所要达到的目标及如何开始入手，是学习任何一门学问技能的基本方法。学习公众演说也是一样，只有了解公众演说的基本定义、目的及基本的训练方式，才能围绕着学习的目的静心修炼、不断提升。

一、什么是公众演说？

公众演说也叫公众演讲或公共演说，是指在公众场所，以有声语言为主要手段，以体态语言为辅助手段，针对某个具体问题，鲜明、完整地发表自己的见解和主张，阐明事理或抒发情感，进行宣传鼓动的一种语言交际活动。

从这个定义里可以看出公众演说的三大特点：

1. 场合

公众场所。很多人有个误解，以为公众演说必须在舞台上讲，其实只要在人多甚至只要面对两人以上的场合讲话就可以说是发表公众演说。

2. 手段

公众演说的手段有两种，一种是有声语言，一种是体态语言。根据调查，在一场演说中，外形与肢体语言占55%，语音语调占38%，而内容只占7%。很多听众听完之后对演说者的内容往往只能记住几个要点或者一两句话，真正能给听众留下的往往是演说者体态及语言的总体印象。很多初学演说的人往往把注意力放在内容上，反倒造成在演说的过程中表现不好。

3. 演说的目的

（1）发表见解，阐明事理：要使听众能完整清楚地了解演说者所要传递的信息。

（2）塑造感情：要使听众被演说者的情感所打动，从而对演说者建立信任。

（3）影响行动：使听众能够按照演说者的既定想法做指定的事情。

一个好的演说一定要达到以上三个目的或至少一个目的，很多演说者在演说之前中后三个阶段都没有一个好的目的，以为只要听众听得高兴，有掌声就是成功，结果讲得听众不知所云。而真正判断一场演说的成功与否，在于是否达到演说目的而不仅是听众的掌声。

演说的目的不仅包括演说时的现场目的，还包括散场后的目的。现场目的是散场后目的的前提和基础，散场后的目的是现场目的的最终归宿。一个演说者一定要把自己演说的目的与听众的目的相结合，成功地完成现场目的及散场后的目的才能算是一场成功的演说。

二、演说的三个境界

根据演说的三大目的，我们可以把演说分成三种境界。

初级阶段：能够把所要表达的信息准确地传达给听众。

中级阶段：能够让听众听完演说者的演说之后对演说者产生信任。

高级阶段：不仅能让听众对演说者产生信任，而且演说者能要求听众按其要求采取行动。

这三个境界也是我们学习的三个阶段，一个好的演说者首先要准确地传达信息或知识，然后进一步建立与听众之间的信任感，从而影响听众的行动。达到第一阶段的演说者可以当一个好老师，达到第二阶段的演说者可以获得很好的声誉与人脉，达到第三阶段的演说者可以是一个销售精英或是一个富有魅力的领袖。

三、演说者的四大修炼

要达到以上的三个境界，需要演说者从以下四个方面进行不断地练习：

1. 扎实的基本功

演说的基本功是指演说的体态、语言与逻辑三大方面。体态上要做到自然、大方，语言要清晰、有节奏、无语病，逻辑上条理清晰、目标突出。

2. 熟练的技巧

常用的演说技巧有：如何写演说稿，如何调动气氛，如何使用案例、讲故事，如何借助道具，如何控场等，有了基本功之后，再修炼这些技巧就相对简单了。

3. **深厚的底蕴**

底蕴对于演说者的要求更高，要求演说者知识面要广，对事物能够深入理解，能博古通今，举一反三，旁征博引，才思泉涌，随心所欲，这需要演说者平时不断地学习与积累，非一时一刻能够达到的。

基本功就如武术的桩功，一定要练扎实，技巧如招式，只要勤练，很快就能掌握，而底蕴如内力，需要时间的积累。没有底蕴的招式好比花拳绣腿，是征服不了听众的。

4. **强烈的欲望**

强烈的欲望是一个演说者能否修炼成功的关键。一个人的成功源于自己的强烈需要，不仅是想要而是一定要。一个热爱舞台、热爱分享，渴望影响别人、征服别人的演说者，才能自发地学习与修炼，从而成为一个好的演说者。相反，有些人天生就不喜欢演说，硬逼是学不会的，这取决于演说者的价值观与性格。

因此，想要学习演说，首先要求演说者对演说有强烈的欲望，练好演说的基本功，熟练掌握演说的技巧，不断积累深厚的底蕴，一步一个台阶，最终修炼成为一个优秀的魅力演说家。

接下来，让我们一起进入魅力演说乾坤八式的修炼，勇敢地迈上成功台阶的第一步！

說

【第二篇】

魅力演说之乾坤八式

为帮助笔者服务的社团成员提升公众演说能力，笔者多年来一直学习研究公众演说，参与一些相关的培训，总结一些魅力公众演说的实用训练方法，特别是通过多次的企业家魅力演说训练营的讲解，总结出这套简单易行的公众演说训练方法，将这套方法命名为“乾坤八式”。之所以命名为“乾坤八式”，既是结合乾坤太极与中华武术的命名精要，也希望修炼者修炼本套方法之后，不仅可以“说人”，还可以“说天，说地，说天下”。

乾坤八式将公众演说训练从基础到高级阶段分为八式，前四式为公众演说的基础训练，后四式为提高阶段。主要的设计思路如下：

第一式为魅力预备式，主要讲解演说者的自我管理，让演说者突破心理障碍，可以做到随时随地自信开口，进行魅力演说。

第二式为魅力起式，主要讲解演说者的仪容仪表、形体仪态、语言与声音，让演说者在演说一开始就给听众留下良好的印象。

第三式为魅力掏心式，主要讲解如何设计叫座的演说内容，让演说者通过好的演说内容引发听众共鸣。

第四式为魅力擒打式，主要讲解如何在演说过程中进行互动，应答与控场，面对场上的任何情况，先擒后打，先化后解，化敌为友，从而建立演说者的威信与魅力。

第五式为魅力展现式，主要讲解如何运用一些写作上的修辞手法，从而让演说的内容高屋建瓴，气势磅礴，展现演说魅力。

第六式为魅力导演式，主要讲解三种不同类型演说的特点与技巧策略，让演说者学习用导演的眼光来设计自己的演说。

第七式为魅力独尊式，主要讲解各种不同的演说风格，帮助演说者打造自己独特的演说风格。

第八式为魅力收式，主要讲解演说者如何提升个人品质，从而做到言为心声，口吐莲花。

乾坤八式修炼要诀：

投入多少，收获多少；

参与多深，感悟多深；

未曾经历，不成经验；

太阳底下没有新鲜事，排列组合就是创新；

做你所学，进而教你所做。

理论很简单，但说易做难，演说这项技能需要的是刻苦的训练，在运用上希望读者投入时间与精力，珍惜各种场合的演说机会，勇于与人分享。参阅及观看他人的演说，借鉴别人的经验，不断自我总结提升，相信经过一个阶段的修炼之后，你的舞台魅力将会让人刮目相看，从而走入人生的另一个境界！

第一式

魅力预备式：突破障碍，自信开口

——演说者的自我管理

1977 年出版的由大卫·沃伦斯基等人写的《The Book of Lists》中记录了一些生活琐事。其中有一个题为“人类最害怕的事”的清单，上面列举了人们所害怕的事情。在这个清单中，名列榜首的正是演说。

清单排列如下：

① 当众演说　　② 恐高

③ 昆虫　　④ 财务问题

⑤ 害怕深水　　⑥ 疾病

⑦ 死亡　　⑧ 飞行

⑨ 孤独　　⑩ 狗

⑪ 开车/乘车　　⑫ 黑暗

⑬ 电梯　　⑭ 扶梯

我们无从知道这份清单是如何得出的，但在平时的生活中，我们也经常听人说，“我死也不上台讲话”。可见上台讲话对很多人来说是一件多么害怕的事。

那为什么这么多人害怕当众讲话呢？我们来分析一下人们害怕的根源，从而找到克服它的方法。

一方面，人们害怕演说来源于演说所处的环境：

（1）独自站立；

（2）在没有地方躲避的空旷地带；

（3）手无寸铁；

（4）在一群人的注视下。

对于所有的生物来说，以上四种情况并存时，的确会感到威胁，因为这意味着被袭击或吃掉的可能性极大。虽然现在社会被袭击或吃掉的情况基本不会发生，但自远古以来人类大脑中的这种思维模式并没有完全消除，是我们自身所无法完全控制的。

另外，人们害怕来源于人格行为模式。

图1　人格模式图

从这张人格模式图中，我们可以看出人们的思想影响感觉，感觉影响行为，反过来，行为也会影响感觉，感觉影响思想。因此，当人的思想与行为不一致时，就会感觉到压力、紧张、痛苦。当人的思想与行为一致时，就会感觉轻松、自然、快乐。因此，压力来源于思想。

回到演说这件事，紧张也来源于以下四种主要心理，很多人不敢上台，就是出于下面的几种原因：

（1）怕错；

（2）怕丢面子；

（3）怕不被别人接受；

（4）怕当时的场面无法掌控。

因此，害怕是压力的来源，脑海空白是压力导致的结果！

对于一名演说者来说，自我的心理调节非常重要，再优秀的演说家都无法完全避免紧张，我们可以从以下四个方面进行心理上的调适，减少紧张或化紧张为动力：

1. 相信天底下没有100%正确的讲师

每个人都会犯错，而每个人都害怕犯错，特别是当众犯错。正是这种追求完美的心理特点让很多人一上台就紧张。因此，消除紧张的第一步就是不必追求完美。人非圣贤，孰能无过？把犯错当作人生正常的一种状态。

2. 改变自己？改变别人？

改变别人不容易，而改变自己则相对简单。不要期望别人为你而改变，而是通过改变自己来改变别人，把重点放在自己的身上，把自己做得更好就可以了，不必因为别人的看法而影响自己。

3. 不要太在意别人的看法，别指望人人都满意

天底下从来没有人人都满意的事。如果连总统选举都只需要50%以上就可当选，作为演说者，我们又怎能期望我们的演说人人满意？实际上，任何一场演说都不可能达到人人满意，只要能够达到我们想要的目的就可以。即使真的演说得不好，把它当成是人生的历练与经验，对演说者也是另外的一种成长。

4. 做你所学，教你所做

作为一名演说者，只要把我们学到的东西运用了，把我们想要分享的让听众了解，用一颗真诚的心去分享，这就够了，不必把注意点放在别人对自己的看法上。

演说者常犯的另一大错误就是分不清在演说前、演说中、演说后三个阶段中应该如何处理自己、内容、听众这三个重点。下图为在不同阶段正确的处理对象。

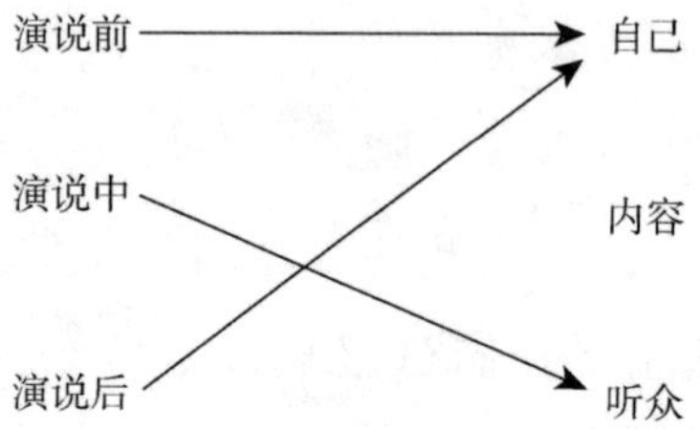

图 2　不同阶段正确的处理对象

演说之前，演说者要把重点放在处理自己身上，包括：

（1）尽可能充分地了解听众的情况；

（2）具有明确表述的目标；

（3）设想听众可能产生的问题和反应；

（4）提前做好准备和试讲；

（5）最后再把所有的细节都检查一遍，必要时可使用校核清单。

演说过程中，需要处理的对象是听众，而不是内容。而很多初学演说的朋友经常把处理的重点放在内容上，想着要讲的内容，越想越紧张，越想越容易忘词。其实，这一阶段重点处理的是现场听众，要把重心放在听众身上。所以，在演说过程中要注意如下几点：

（1）注意语速、语调；

（2）紧扣主题，展开内容；

（3）注意自己的形体语言；

（4）随时与学员保持心灵相通；

（5）关注听众的反应。

在企业家魅力演说训练营中，很多学员刚开始没有悟到这点，在上台时还在拼命地想演说的内容，经常越讲越紧张，越讲越忘词，整个演说断断续续不连贯，这就犯了常犯的错误，在演说的过程中还把重点放在内容上。经过指导之后，学员学会在演说过程中把重点放在听众身上，通过与听众的眼神交流，互动，围绕主题娓娓道来，取得非常好的演说效果。

演说之后，需要处理的还是自己，演说者要从听众处获取反馈，不断总结，以利今后改进。

下面再介绍三招让演说者找到自信的方法。

第一招　开心金库

人在什么时候最不紧张？相信很多人都有这样的经历，当你开心的时候，是最放松的。演说者若是能将以往生活中的一些愉快的、兴奋的事情记下，每当遭遇压力时，把它拿出来调节心理状况，犹如开了户头将钱存起来，到有需要时运用，这种技巧就叫“开心金库”。

这些开心的事有很多，比如第一次成功做成业务，第一次当父母，第一次领奖以及跟心爱的人或孩子相处过程中的点点滴滴等。周建青老师经常给大家分享她的“开心金库”，就是她小女儿小时候的小屁股。因为她特别喜欢小女儿的小屁股，所以经常有事没事亲上一口，那种初为人母的幸福感觉给她留下很深的印象，在以后的演说过程中，她只要一想到女儿的小屁股，紧张的情绪就马上烟消云散。

当我们在心中建立这样的“开心金库”后，从心理学的角度讲，就是在我们的心里建立一个正能量的“心锚”。演说者在演说之前，把这些开心快乐的事情从“开心金库”中调出来，类似于拉起这个“心锚”，相应的快乐情绪就出来了，紧张的情绪马上就可以消除，从而轻松自信地走上讲台，开始演说。

心情好，表现才会出色。人们今天的心情总是受到昨天的影响，而今天的表现好坏导致的心情好不好又会影响明天的表现。通过“开心金库”，我们把昨天好的表现展显出来，今天的心情就好，表现也就出色，相应的，明天的表现就会更好。

通过“开心金库”不断积累正面的感受，不断有好的表现，从而让整个表现走上良性循环！

图3　通过“开心金库”产生的良性循环

第二招　配得感

压力和紧张另一个来源于我们内心的“不配得感”。当我们找到演说的理由时，我们就找到“配得感”，我们就会变得更积极与自信。因此“配得感”对于我们来说是不可或缺的存在。

从容淡定来源于良好的自我感觉，而良好的自我感觉来源于“配得感”。很多人在自己的同伴、员工和孩子面前可以侃侃而谈，是因为他觉得“配得”，而面对新的听众，特别是一些成功人士或政府领导时却非常紧张，就是来源于这种“不配得感”，认为自己资质较浅，身份地位不够而产生紧张感。

因此在演说之前，特别是面对重要人物演说，找到上台的“配得感”就非常重要，这种“配得感”就是演说者消除紧张，自信地上台演说的理由。

1. 重建自己的社会排序的标准

在现实当中，因为各种有形无形的宣传，人们在无形中受到社会主流排序标准的影响，比如有钱就是成功，比如处在领导地位就是成功，比如是权威专家就是成功等。当演说者被这些所谓的“社会排序”所困扰，在面对一些根据社会主流排序标准排在自己上面的听众时，就经常会产生一种自卑感，而这些所谓的成功者也往往利用这种社会的排序来获得一些优越感及心理优势。

即使社会有了排序，也会随着时代的发展而不断变化，一个心理强大的演说者不应受到外界的影响，必须在自己的内心世界找出自己的排序。敢于质疑当下的世俗。谁说有钱就成功？几十年前还贫下中农最光荣。谁说官大就成功？谁说领导就优秀？人与人本质上是一样的，在人格上是平等的，角色不同只因分工不同。不管面对什么样的听众，把他们当成朋友，尊重他们而不必在人格上自我贬低。其实，演说者能有机会讲演，一定是有理由的，所以，找到这种“配得感”

之后，演说者就可以放下紧张。

2. **寻找自身的优势**

每个演说者都有自己的优势与特长，这些优势与特长可能是来源于你的工作和生活经历。没有人比你更能了解你所经历与感悟的东西。这些经历与故事如果不是你讲，那还有谁可以讲？这也是找到“配得感”另外一种有效的方法。

3. **爱的传递、责任的表达**

当爱你的听众，觉得你所要演说的内容对他们是有帮助的，你有这个必要与他们分享。或者有些事情不是你的专长或优势所在，却是工作或职务上必须要做的，那么演说者就应当在心中激起那种舍我其谁的责任感。勇于担当是一种境界，能让演说者变得更为勇敢，从而找到演说的“配得感”。

第三招　预演未来

运用憧憬未来的心态，使我们变得更积极与自信。这就是预演未来的技巧。

人类最优秀的特点之一就是想象力。蜜蜂虽然能够建造出精美而复杂的蜂巢，但依旧比不上最蹩脚的建筑师，因为建筑师会在实际动手之前先在自己的脑海中构建好想要建造的工程。害怕的另一个因素主要来源于人们对未来不确定性的无法把握，而运用预演未来的技巧，可以在演说之前将演说所能出现的种种场景先做一个想象，从而让演说者有一种一切尽在把控之中的感觉，这种良好的感觉会消除不必要的紧张。

那么预演未来要预演什么呢?

1. 预演演说的场景

当要上讲台发表演说的时候，演说者一定要知道听众是谁，要了解主办单位要达到的目的是什么，包括听众的目的，听众对演说内容的了解程度及其所持的态度，听众的文化背景及经济收入、文化水平等。只有知己知彼，才能百战不殆，只有对听众的情况了解得越多，才越容易掌控演说现场。

只有对听众了解以后，才能相应地设计与听众相关的内容和表达方式。演说开始前对听众的分析，主要包括场合、文化、利益、方向等内容，具体可以细分为以下六个方面：

（1）听讲目的；

（2）对演说内容的了解程度；

（3）所持态度；

（4）文化背景；

（5）经济收入

（6）文化水平。

演说者事先也要了解会场的准备情况——场所大小、座位布局、话筒、讲台等，以防止临场时突然发现与预期相差很大，那样对演说者的情绪会产生非常大的影响。在演说开始之前，应先试用一下话筒，对话筒的扩音效果有所了解，讲台的高低，也需要事先大体看一下。

2. 预演演说的过程

（1）如何开场；

（2）如何提高听众的兴趣；

（3）给听众传达什么样的内容和信息；

（4）如何在演说的过程中进行激励；

（5）如何使用一定的技巧说服听众；

（6）如何结尾。

3. 预演听众的反应

好的反应情形，不好的反应情形会是怎样的，将如何应对？

4. 预演各种可能出现的情况及对策

比如说出现我们在“控场”章节中所讲的各种情况要如何应对等。

小结：

卓越公众演说的自我管理法：

（1）克服公众演说的心理压力；

（2）突破外壳——勇敢沟通；

（3）运用好开心金库；

（4）信念的力量——寻找配得感；

（5）事先准备并预演未来；

（6）运用表情、语言和目光的力量。

案例：

我们训练营中有位学员叫涂明丽，她是泉州市自驾旅游协会的执行秘书长。2013 年周年庆时需要上台做年度的工作总结报告，一想到听众里有市里领导、协会领导、知名企业家以及各界媒体，还没开始演说心里就非常的紧张。后来经过以上自我管理方法的调适，整个演说非常成功。

我们当时给她的指导是：

1. 找到上台的“配得感”

（1）作为协会的执行秘书长，她是协会所有事情的主要组织者及执行者，协会里没有谁比她更清楚协会一年的工作，也没有谁比她有资格做这样的一个报告。

（2）作为协会的执行秘书长，上台做工作报告是她的职责所在，她不上谁上？

据她所说，找出“配得感”之后，不仅紧张感没有了，反倒对演说更加期待。因为她马上就觉得机会难得，协会一年来做了那么多的事，难得有机会让领导、媒体与会员知道，多好的事。于是，紧张便转化为渴望表达的动力。

2. 使用预演未来

在讲稿 PPT 的设计上做到图文并茂，在演说前如何上台，上台后如何进行眼神交流，如何开场，在演说过程中如何互动，如何结尾等所有的细节都一次次在脑海中进行演练。

3. 现场试讲

当天会议开始前几个小时到现场进行试讲。

真正上台演说前运用“开心金库”，调节好自身的情绪，从容自信地上台分享。结果当天她的工作报告做得非常成功，整场演说生动活泼，PPT 图文并茂，现场形成良好的互动，气氛非常好，给领导、媒体记者、协会会员留下非常深刻的印象，为将来协会工作的开展奠定了更好的基础。

第二式

魅力起式：气沉丹田，从容淡定

——演说者的仪容仪表、形体仪态及语言与声音

第一印象对于演说者来说非常重要，好的印象能让听众静下心来继续听演说者的演说，而不好的印象会让听众对演说者产生不信任感从而排斥。好的开始是成功的一半。好的演说者一定要在开场的前几秒钟就给听众留下良好的印象，展现出演说者从容淡定的自信与魅力。

根据加州柏克莱大学教授 Albert Merribie 一份为期十年的调查研究显示，人们对一个人的印象，有 55% 来自外形与肢体语言，38% 来自语音语调，剩下的 7% 才是内容。

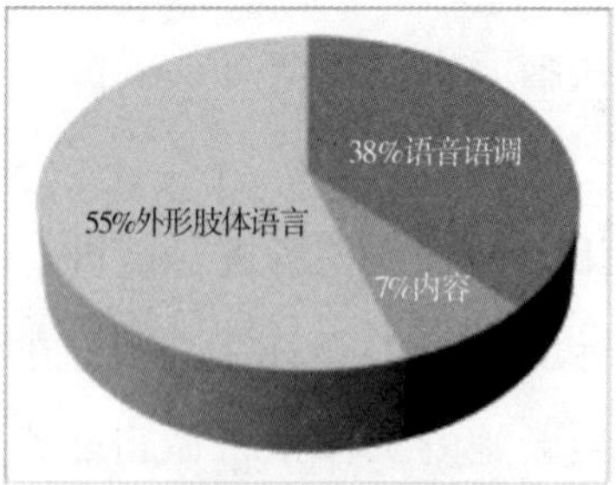

图 4　一个人的印象

“演说”一词，演在前，说在后。肢体语言与语音语调在一个演

说中给听众留下的总印象达93%，一个好的演说者首先要练好肢体语言与语音语调这两大基本功。

第一招　仪容仪表

人靠衣裳马靠鞍，在演说者未开口之前，听众就已经通过演说者的仪容仪表产生一个大概的印象。

仪容仪表的基本要求：

（1）服饰庄重；

（2）表情亲切。

男演说者着装注意事项：

（1）穿西装时一定要注意西装的着装技巧，如扣子、颜色搭配等；

（2）日日修面，保持面部清洁；

（3）除手表外不佩戴其他饰品。

女演说者着装注意事项：

（1）不穿无袖衣服；

（2）得体的淡妆；

（3）不佩戴夸张饰品，且不超过三件。

除此之外，上台前还要做职业形象的自我检视：

（1）头发凌乱吗？

（2）脸上干净吗？

（3）衣服整洁吗？

（3）扣子和拉链有问题吗？

（4）肩拍了吗（怕有头皮屑）？

（5）面带笑容吗？

（6）情绪饱满吗？

表情上，要微笑面对每个听众，微笑是演说者的魅力法宝之一。微笑不仅体现演说者的自信，也体现对听众的友情。当然，有些不适合微笑的场合，比如追悼会之类的应另当别论。

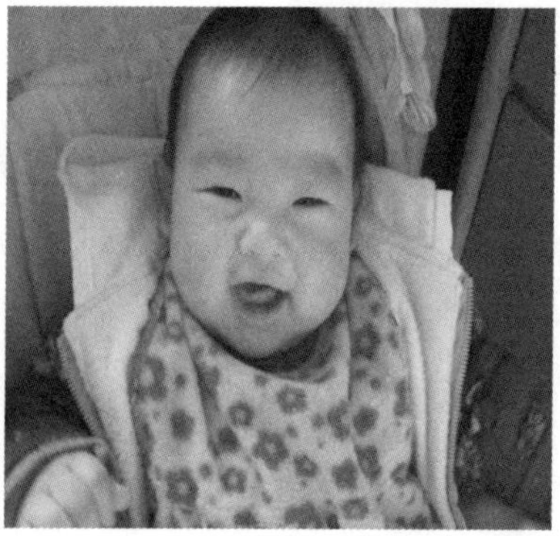

关于微笑，有一首小诗充分说明了它的非凡作用：

啊，微微一笑并不费力，
但它带来的结果却是那样的神奇。
得到一个笑脸会觉得是一个福气，
给予一个笑脸也不会损失分厘。
微微一笑虽然只需几秒，
但它留下的记忆却不会轻易逝去。
没有谁富有的连笑脸都拒绝看到，
更没有谁贫穷的连笑脸都担当不起。

微笑买不来，借不到，偷也偷不去，

因为只有在给人之后，才显露它的意义，这就是微笑的真谛。

有副终生受益的对联：

上联：心态好事业成不成也成

下联：心态坏事业败不败也败

横批：成败在你

这副对联将心态对事业的影响表达得淋漓尽致。可以说，一个不善于微笑、缺乏热情、没有激情、淡于才情、不懂得人情的人，是无法成功的！所以，成功的演说者一定是具有热情、具有激情、具有才情、懂得人情的人。

第二招　形体仪态

形体仪态＝演说态度，比语言还重要。好的形体仪态是建立良好印象的另一法宝。

演说者的形体仪态包括登场、拿麦克风、面部表情、眼神、躯干、手部动作、站姿、退台等各方面的动作姿态。

1. 登场要求

（1）登场前讲师休息地点

① 休息室；

② 幕后；

③ 第一排；

④ 最后一排；

⑤ 室外活动。

（2）登场方式

① 跑步登场；

② 正步登场；

③ 直接提前坐台上（学术型报告）。

（3）登场礼仪

① 鼓掌；

② 与主持人握手（用右手握手）；

③ 鞠躬；

④ 接麦（用左手接麦或双手接麦）。

⑤ 正立定3~5秒开始演说（非常正式的演说可向听众鞠躬表示礼节）。

整个登台过程中演说者一定要表现的从容淡定，不慌不乱。特别是正式场合，一定要站稳后才开始发言，若能在站稳后与听众做一个短暂的眼神交流后再发言就更显演说者的自信。

2. 拿麦克风要求

（1）大拇指紧靠麦克风开关位置

（2）手握麦克风的位置为离麦克风颈部1~2厘米位置

（3）握麦克风方式

① 拳握

场合：正式讲课，大型演说，比较正式庄重的场合。

② 指握

场合：主持会议，致辞，新闻发布会。

③ 半握

场合：娱乐活动，晚会，唱歌。

（4）麦克风与身体的角度一般在30~75度；特殊情况，如娱乐、晚会等非正式场合可与胸平行

(5) 麦克风与嘴唇的距离一般在 1 ~ 10 厘米，根据具体麦克风的音量提前调试

图 5　错误拿麦方式

初学者经常将麦克风拿到嘴巴部位以上，这样麦克风就会挡住演说者下半部的脸，不仅影响麦克风的发音，也显得不雅观。

3. 形体仪态的构成与要求

形体仪态的构成还包括：面部表情、眼神、躯干、手部动作、站姿等。

图 6　形体仪态的构成

态势语言训练的重点要求

※ 自信挂在脸上；

※ 胸中涌动激情；

※ 举手投足常练习；

※ 嬉笑怒骂有归依；

※ 解放思想，挥洒风采；

※ 振臂一呼，应者云集；

※ 堂堂正正，荡涤心灵。

（1）站姿与步法要求

立正步：两脚并拢，两脚之间距离 10～20 厘米，身体站直。

稍息步练习：一脚在前，一脚在后，形成稍息步。在实际演说中，男士两脚间距离为 20～30 厘米，女士则可两脚靠拢形成稍息步。

丁步：一脚着地，另一只脚脚尖着地，形成丁步。此步法主要用于演说过程中的部分内容或者高潮时，配合手势会用到。

斜步：一脚在前，另一脚在后，脚尖着地。此步法也主要用于演说过程中的部分内容或者高潮时，配合手势会用到。

图 7　站姿与步法

（2）躯干要求

① 站直不驼背；

② 站稳不摇晃；

③ 挺胸收腹提臀。

演说过程中一定要站稳，很多朋友在初学演说时就是站不稳，不是晃脚，就是斜着身体或歪着头。犯这种错误主要是自己没有意识到。改正方法很简单，找个朋友在演说过程中帮忙拍摄一下，事后看看毛病在哪儿，再对着镜子自己调整，以后在演说过程中改正就可以。

（3）眼神要求

① 必须注视观众；

② 眼神适当扫动；

③ 切勿总盯着 PPT。

在演说过程中眼神的运用可以结合使用以下三种方法：

一是点视法。目光注视某一对象，与之进行视线交流。演说时注视听众，在与听众对视中游走，不断和听众进行心灵对话。100 人以下用。

二是扫视法。用视线从左到右，或从前到后慢慢移动，扫视听众。一般用于比较大的场合的演说，人数在 100 人以上。它可以与听众的眼神进行广泛的接触和交流，了解他们的反应，调整自己的语言，以使语言表达取得最好的效果。

三是虚视法。目光散成一片，不集中在某一点上“视而不见”，通常把视线散在听众的中部和后部。用于特大型场合演说，一般 1000 人以上。

练习眼神的方法可以在任何的地方，把外界事物当成听众，进行点视、扫视、虚视练习。另外在很多大型场合或者特大型场合，经常三种方法都要用到。

（4）面部表情要求

① 自然；

② 主走亲和路线；

③ 随内容而变化。

（5）手部动作要求

① 动作自然；

② 静动结合；

③ 配合表达态度和情绪。

演说过程中，手部动作可以有以下五种方式：双手自然下垂（不建议）；一手拿着东西（如话筒），一手下垂；一手拿着东西（如话筒），一手活动；双手均自由活动（高级方式）；抱住双臂（不建议）。

（6）手势分类

① 无意识手势

习惯型手势：撩头发、玩手指、摸耳朵、抬眼镜等。

下意识手势：出自下意识的手势动作。

② 有意识手势

指示手势：分实指与虚指。实指如指示“大家来看一下黑板等现场的物件”，虚指如指示高山、蓝天、大海等。

模拟手势：如指示胖和瘦、高和矮等。

情意手势：表达喜、怒、哀、乐等情意时的手势。

象征手势：如表示可以、胜利、第一等手势。

以下是四种常见手势：大拇指一指式（大拇指伸出，其他内收），表示自信、鼓励与赞许；食指一指式（食指伸出，其他内收），表示强调与指引；全掌式（五指伸出），表示开放与掌握；握拳式（五指握拳），表示激励与决心。

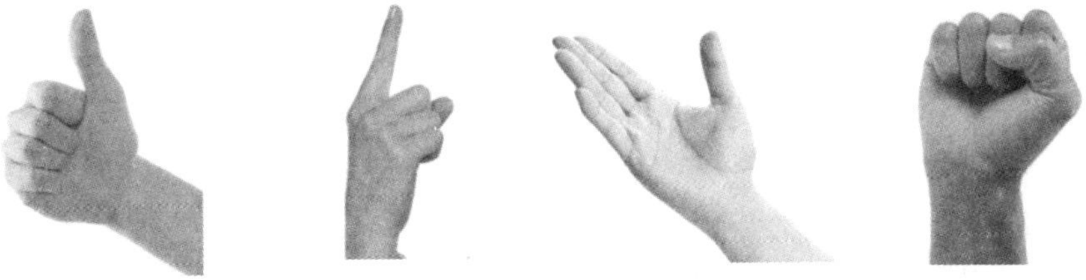

手势使用部位表示的意义：

手伸出后在身体前的大致位置，可以将手势分为上、中、下三躯。

上躯：指从肩部以上，常用在演说中感情激昂或大声疾呼，发出号召，进行声讨或强调内容，展示前景，指向未来的时候。

中躯：指从腹部到肩部，常用在心绪平稳，叙述事实，说明情况，阐明事由的时候运用。

下躯：即腹部以下，这个部位的手势除指示方位，列举数目以外，多用于表达厌恶、鄙视、不快和不屑一顾的情感，或介绍、评说反面的事物。

手势上、中、下三躯的使用需要和场景相结合。在使用时，会有一些需要加重的语调或关键词，当说这些关键词的时候，就可以同时配合以手势，下面就是一些相关练习：

✣ 一只手，手心向上——中躯

例如，描述语句“我早期的生活经历像流动的小溪，我在里边尽情玩耍”，在这个句子中，为了突出其中的“流动的小溪”，就可以一只手手心向上，将手放置于中躯来达到这个效果。

再如语句：真情、荣誉、正义是他的动机。要突出关键词“正义”，也可使用这种方法。

✣ 两只手，手心向上——中躯

例句1：向所有的人宣布这一消息。

例句2：让我们奏起欢乐的音乐，跳舞吧！

✣ 一只手，手心向上——上躯

例句1：乐曲的音调越奏越高。

例句2：攀登吧！无限风光在险峰。

✣ 两只手，手心向上——上躯

例句1：你这美丽的国土，我又回到了你的身边。

例句2：欢呼、跳跃吧！我们成功了！

✣ 一只手，手心向上——下躯

例句1：伟大的人物也是躺在他们倒下的地方。

例句2：他这人太卑鄙了，无法和他相处。

✣ 两只手，手心向上——下躯

例句1：高大的建筑物突然陷入地下。

例句2：仁慈的人大声疾呼："和平！和平！"但是没有和平。

✣ 一只手，手心向上——中躯

例句1：月光洒落在小溪和树林上。

例句2：沿着这寂寞的小路他快步走去。

✣ 双手，手心向上——中躯

例句1：死一般的沉寂笼罩着大地。

例句2：她轻轻地躺倒在草地上，仰望着蓝天。

✣ 单手，手心向上——上躯

例句1：风助火势，火乘风威，火苗越蹿越高。

例句2：他们对城市即将面临的危险丝毫不知。

✣ 双手，手心向上——上躯

例句1：夜幕笼罩了群山。

例句2：环绕他的四周，升起了无形的墙。

✣ 单手，手心向上——下躯

例句 1：这是很有诱惑力的，不过，让它见鬼去吧！

例句 2：你这个胆小鬼，行进起来像条虫。

✣ 双手，手心向上——下躯

例句 1：愤怒的人们会把你从这里清扫出去。

例句 2：我要同他们所有人断绝关系。

✣ 单手，手掌竖立——中躯

例句 1：不要过分利用我的爱。

例句 2：他用胳膊挡住了攻击。

✣ 双手，手掌竖立——中躯

例句 1：放弃这愚蠢的梦想吧！

例句 2：他们的分离是决定性的。

✣ 单手，手掌竖立——上躯

例句 1：天啊！别做傻事！

例句 2：唱吧！这是块自由的土地。

✣ 双手，手掌竖立——上躯

例句 1：人们欢呼：胜利了！胜利了！胜利了！

例句 2：年轻的朋友们，我们的事业是伟大的，我们的前途是光明的，让我们为实现这崇高的目标而奋力拼搏吧！

常用的手势用形象的比喻可以有以下几种：

① 点菜　② 切菜

③ 拍菜　④ 锤菜

⑤ 炒菜　⑥ 上菜

⑦ 托菜　⑧ 扔菜

大家可以把以上几个手势结合起来，配合音乐编排一套手势操进行练习。

演说行为禁忌

1. 用手指指点学员；
2. 注意克服手爱动的习惯；
3. 如果是坐着不要抖动腿部；
4. 口头语或脸部小动作；
5. 突然走近学员；
6. 挡住投影仪或黑白板。

第三招 语言与声音

演说者语言与声音常犯的错误：

（1）声音太小，听众听不清楚；

（2）声音太平，没有变化，听众听着想睡觉；

（3）声音太大，听众听着难受。

前两种错误在演说中比较容易意识到，但第三种错误是很多演说者没有意识到的，特别是一些激昂型的演说者，整个演说都用一种很激昂的声调在进行，并自我感觉良好，却不知听众早被这种高音调的声音震得很难受。

其实，演说中语调要如音乐，一定要有变化，具体来说，演说中的语言有以下三个要求：

1. 清楚

（1）吐字清楚、语句连贯、适当停顿；

（2）语速适中，比正常说话略快；

（3）音量较大，有重点变化。

总体上以听众能够听清楚为界定。

2. 有节奏

（1）根据内容适当变化语速；

（2）根据内容适当变化音量；

（3）根据内容适当变化语气。

总体上以听众感觉节奏流畅为界定。

3. 无毛病

（1）没有念错字；

（2）没有严重口音；

（3）没有大量口头禅，如“那么、然后、这个、哦、嗯”等；

（4）没有语句的不恰当停顿。

总体上要求语气自然、放松，对自己讲的内容有感觉，绘声绘色。

演说者有好的声音，可以使演说语言达到一种类似音乐的美，当然，这需要长期的训练。下面给大家介绍三种常用的声音及语言的训练方法：

方法一：朗诵

朗，即声音的清晰、响亮；诵，即背诵。朗诵，就是用清晰、响亮的声音，结合各种语言手段来完美地表达作品思想感情的一种语言艺术。

朗诵与朗读是不一样的，朗读的重点在于读，而朗诵是有感情地读。因此朗诵练习时要特别注意体验素材的情感，同时注意以下

的要领。

1. 注意停顿

停顿指语句或词语之间声音上的间歇，分为生理停顿，语法停顿，强调停顿，逻辑停顿。

2. 注意重音

重音是指朗诵、说话时句子里某些词语念得比较重的现象，分为语法重音，强调重音，情感重音，逻辑重音。

3. 注意语速变化

语速是指说话或朗诵时每个音节的长短及音节之间连接的松紧（根据不同对象、不同情感调整语速）。

4. 注意句调变化

在汉语中，字有字调，句有句调。我们通常称字调为声调，是指音节的高低升降。而句调我们则称为语调，是指语句的高低升降。

（1）升调（↑）：前低后高，语势上升。一般用来表示疑问、反问、惊异等语气。

（2）降调（↓）：前高后低，语势渐降。一般用于陈述句、感叹句、祈使句，表示肯定、坚决、赞美、祝福等感情。

（3）平调（→）：这种调子，语势平稳舒缓，没有明显的升降变化，用于不带特殊感情的陈述和说明，还可表示庄严、悲痛、冷淡等感情。

（4）曲调：全句语调弯曲，或先升后降，或先降后升，往往把句中需要突出的词语拖长着念，这种句调常用来表示讽刺、厌恶、反语、意在言外等语气。

朗诵练习五阶段：合适的音量，要比正常的音量大；念清楚字、词、句；控制节奏，练语速快慢；控制声音，练声调起伏；语气恰当，投入感情。

朗诵的练习要注意体会语言的韵律美，然后将这种韵律应用到演说中，演说者的声音悦耳动听，听众能从演说者的声音中感受到一种美的享受。

练习方式上可以节选本书所附的一些素材，平时有时间就进行练习，也可在网络上下载一些朗诵素材进行跟读。同时用手机进行录音试听，不断纠正与提高。

方法二：口部操与腹式呼吸法

1. 口部操训练

通过口部操训练来锻炼口腔肌肉与舌头，让讲话更为轻松自然，也有助于矫正地方口音。

（1）撮唇：10 次，30 秒（用手撮嘴唇）；

（2）撮脸：10 次，30 秒（用手撮脸）；

（3）合口左右噘唇：10 次（左、右为一次），30 秒（嘴唇合闭，向左噘唇；然后向右噘唇）；

（4）转唇：8×8 拍，30 秒（嘴唇合闭，顺时针转唇；然后逆时针转唇）；

（5）双唇打响：30 次，30 秒（嘴唇合闭，用气迅速冲开双唇，发出声音）；

（6）弹唇：1 分钟（用舌尖抵住下唇，迅速弹出；左、右、上轮回）；

（7）顶腮：30 次，1 分钟（用舌尖向左顶住左腮，然后换右边）；

（8）转舌：8×8 拍，1 分钟（用舌尖沿外牙根转圈）；

（9）做鬼脸：1 分钟（用力把嘴张开，口腔做转圈动作）。

2. 腹式呼吸法训练

人发声主要有两种方法，一是靠喉咙与声带拉伸运动，一是靠气息冲击声带而发出声音。正常人的发声主要是靠喉咙与声带拉伸运动，所以讲话太久容易口干舌燥，元气大伤。但第二种用气息冲击声带而发出声音的发音方法，则可以连续不断地讲话，喉咙与声带也不会出现问题。

因此，专业的演说者要掌握正确的发声方法，就得学习从丹田发声，也就是腹式呼吸法。靠呼吸而不是靠声带运动来发声，这样不仅讲得不累，能有效保护喉咙与声带，而且可以发出浑厚、连续、激昂的声音，特别是在排比句的运用上，只有运用腹式呼吸法发音才能达到那种连贯的效果。

我们常见的呼吸主要有两种方式：胸式呼吸和腹式呼吸。胸式呼吸以肋骨和胸骨活动为主，吸气时胸廓前后、左右径增大。由于呼吸时，空气直接进入肺部，故胸腔会因此而扩大，腹部保持平坦。腹式呼吸以膈肌运动为主，吸气时胸廓的上、下径增大。正常的胸式呼吸一次 10 ~ 15 秒，能吸入约 500 毫升空气。腹式呼吸时，横膈肌会下降，腹压增加，感觉好像是空气直接进入腹部，这时若把手放在肚脐上，会感觉手上下微微抬放。

简单地讲，腹式呼吸法就是把腹部当成一个气球，吸气时腹部凸出，呼气时腹部内缩。

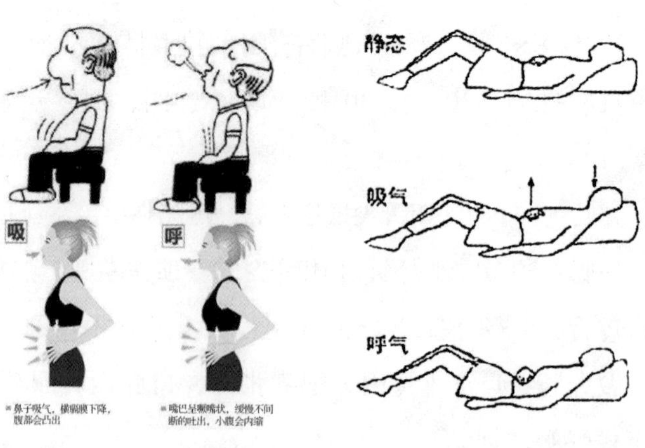

图 8　腹式呼吸法

练习时可采取仰卧或舒适的冥想坐姿，放松全身。观察自然呼吸一段时间。右手放在腹部肚脐处，左手放在胸部。吸气时，最大限度地向外扩张腹部，胸部保持不动。呼气时，最大限度地向内收缩腹部，胸部保持不动。循环往复，保持每一次呼吸的节奏一致。细心体会腹部的一起一落。

经过一段时间的练习之后，就可以将手拿开，只用意识关注呼吸过程即可。

呼吸过程不要紧张也不要刻意勉强，如果是初学者就更应该注意练习的过程和对身体的影响，吸气时，感觉气息开始经过鼻腔、喉咙充分地集中于肺部，当肺部容积逐渐增大，而保持胸廓不动，就会迫使横膈膜下沉，同时腹部略向外鼓起；呼气向内收回腹部，横膈膜向上提升，使大量浊气呼出体外。

把腹部当皮球，用鼻吸气使腹部隆起，略停一两秒后，经口呼出至腹壁下陷。

腹式呼吸的关键是：无论是吸还是呼都要尽量达到“极限”量，即吸到不能再吸，呼到不能再呼为度；同理，腹部也要相应收缩与胀大到极点，如果每口气直达下丹田则更好。

练腹式呼吸不仅可以用来练习发声，也可用来养生保健，由于其吸入的氧量高于正常情况下的2~3倍，所以也可用来治疗人体内脏各部位的疾病。

在掌握正常的腹式呼吸之后，再依以下的步骤练习用腹式呼吸讲话：

（1）先讲音字，如啊、喔等；

（2）讲单个字，如你、我、他等；

（3）把一句话中的每个字拆分，一口气练一个字，按顺序念，如：我……是……演……说……家；

（4）把整句话用腹式呼吸法一口气念完整；

（5）用一口气连续念好几个句子。

方法三：绕口令练习

通过绕口令练习来提高演说者的讲话速度与发音的正确性。

绕口令一：

山前有四十四棵死涩柿子树，山后有四十四只石狮子，山前的四十四棵死涩柿子树涩死了山后的四十四只石狮子，山后的四十四只石狮子咬死了山前的四十四棵死涩柿子树，不知是山前的四十四棵死涩柿子树涩死了山后的四十四只石狮子，还是山后的四十四只石狮子咬死了山前的四十四棵死涩柿子树。

绕口令二：

八百标兵奔北坡，炮兵并排北边跑，炮兵怕把标兵碰，标兵怕碰炮兵炮。

绕口令三：

打南边来了个哑巴，腰里别了个喇叭；打北边来了个喇嘛（lǎ ma），手里提了个獭犸（tǎ mǎ）。提着獭犸的喇嘛要拿獭犸换别着喇叭的哑巴的喇叭；别着喇叭的哑巴不愿拿喇叭换提着獭犸的喇嘛的獭犸。不知是别着喇叭的哑巴打了提着獭犸的喇嘛一喇叭；还是提着獭犸的喇嘛打了别着喇叭的哑巴一獭犸。喇嘛回家炖獭犸，哑巴嘀嘀嗒哒吹喇叭。

第三式

魅力掏心式：将心比心，引发共鸣

——叫座的演说内容设计

演说稿是演说者的剧本，一个演说好不好，演说稿起着非常重要的作用。好的演说要做到凤头、猪肚、豹尾。凤头就是演说开头要漂亮，要有吸引力，能勾起听众继续往下听的兴趣；猪肚就是演说的中间内容要丰富有趣，避免空洞乏味；豹尾是指演说的结尾要有力，让听众意犹未尽并留下深刻印象。

演说稿主要结构分为开场白、内容及结尾，在时间安排上可参考以下比例：

（1）开场白：5～10分钟。

（2）内容：每个小关键点10～20分钟，如果是90分钟的演说稿，讲3～6个关键点即可。

（3）结尾：5～10分钟。

时间安排比例一：如果演说时间大于60分钟，则可按开场5～10分钟，结尾5～10分钟，剩余时间为内容。具体根据演说性质而定。

但是无论如何，最好保证开场与结尾的时间能有10~20分钟。

时间安排比例二：如果演说时间小于60分钟，则可按开场、内容、结尾时间比1:8:1。如10分钟演说，开场1分钟，内容8分钟，结尾1分钟。

下面给大家总结几个常用的演说稿公式，供大家参考：

公式一：

（1）提出要点

（2）讲1~3个故事或案例

（3）得出结论

公式二：

（1）提出要点

（2）讲1~3个故事

（3）提出解决方案

公式三：

（1）讲1~3个故事

（2）得出要点

（3）发表个人观点

演说者参考以上公式可以在短时间内构思好演说的整个框架，再结合下面的三招技巧，基本上可以很快写出一篇叫座的演说稿。

第一招　风头

听众在开始听演说之前，对演说者往往会有以下的几个疑问：

（1）你是谁？

（2）你想讲什么？

（3）凭什么听你讲？

（4）你讲的对我有什么好处？

（5）为什么要相信你？

因此，一个好的开头，既要讲得漂亮，引起听众的兴趣，还要达到解决以上问题的目的，下表就列出开场白所要达到的目标及相应的方法：

表 1　开场白要达到的目标及方法

目　标	方　法
吸引听众的注意力	运用例证、令人震惊的事实或统计数字、引语、幽默、问题、联系历史事件或近期事件、联系自我、联系场合、联系前面的演说等方法。
引出演说主题	向听众展示你的中心思想。
预告主要观点	告诉听众你准备对他们讲述什么。
建立可信度	展示自己的资格，告诉听众你对演说主题的承诺。
给听众一个倾听的理由	告诉听众演说主题和他们自身有着怎样直接的联系。

十种经典开场方式

（1）赞美式

赞美式开场可以赞美听众的热情、听众的职业、听众所在的环境，在任何地方做演说都可以通过这三种赞美来开始。

（2）引用式

引用式也可以分为三种，引用名人名言、共同的回忆、前面演说人说过的话。

（3）故事、笑话式

通过讲故事或笑话来开头。

（4）巧问问题式

通过问问题来开头。

（5）自嘲幽默式

通过自我解嘲，建立与听众的亲近感来开头。

（6）即景生情式

通过联系当下的情景，抒发感想来开头。

（7）例证或轶事

通过引用例证或轶事来开头。

（8）令人震惊的事实或统计数字

通过列举事实或数据来开头。

（9）联系历史事件、近期事件

通过联系历史事件或近期事件来开头。

（10）联系自我

通过联系自我的经历来开头。

如果一时找不到好的开场方式，以下的万能开场公式可以作为任何一场演说的经典开场：

（1）问好；

（2）感谢；

（3）姓名；

（4）说出演说主题；

（5）塑造个人价值；

（6）说出对大家的帮助。

开场万能公式运用案例：

（问好）各位亲爱的同学，大家晚上好！

（感谢）非常高兴有这样的一个机会与大家进行分享，首先感谢企业家学习会组织的这次小沙龙活动，感谢我们自愿者小组的精心组织与安排。谢谢你们!

(介绍自己)我叫洪秦平，洪水的洪，秦始皇的秦，平定天下的平。来自华企产业联盟，现在任总部执委兼总部秘书长。

(说出演说主题)。今天跟大家分享的主题是“众筹模式”。

(塑造个人价值)在过去的几个月里，我们发起组织了几个众筹项目，都取得圆满的成功，几个项目已陆续落地实行。

(说出对大家的帮助)今天，我们把这些经验与大家分享，共同来讨论一下众筹模式的一些特点及如何利用这一新商业模式来开拓我们新的事业，希望对大家在企业经营方面会有一些启示。

第二招　猪肚

猪肚就是演说的中间内容要丰富有趣，不能空洞乏味。这需要我们在设计上采用下面的几个技巧。

1. 演说稿内容技巧一：感性内容 + 理性内容

也就是既要讲道理，也要摆事实。只讲道理，显得内容空洞乏味，只讲故事或事实则显得没有高度。一篇好的演说稿就如一篇好的文章，既要有感性的故事与事实，也要有理性的道理与总结。

理性内容也就是演说的主题及主要观点。演说的主题及主要观点要紧紧围绕演说场合、演说目的、听众的需求与演说者的兴趣、特长、经验等进行提炼。

演说的主题及主要观点要求简短、明确、直接、逻辑清楚。感性内容要生动有趣，能够有效支持理性内容，二者相辅相成，感性内容是理性内容的有力辅证，理性内容则是感性内容的理论升华。

2. 演说稿内容技巧二：讲故事

一个好的演说之后，给听众留下深刻印象的就是演说者所讲的故事。可以说讲故事是成功演说的必备元素，演说就是讲故事。

讲故事时，每个小点可以讲1～3个故事，故事一定要有震撼力，让听众发出惊叹的感觉。

一般故事可以分为五个大类：

① 名人的故事

② 自己的故事

③ 寓言故事

④ 身边（朋友或者社会热点）的故事

⑤ 知名企业的故事

要点：通常讲故事的时候，一个讲述要点或主题最好是有一个别人的故事，有一个自己的故事。别人的故事可以扩大听众的想象力，自己的故事通常是可以引起听众共鸣的。

（1）什么是好故事？

① 听得进——真实、容易理解

② 记得住——生动、有意思

③ 传得开——适合大众口味、引起共鸣

（2）好故事的原则

① 简单——时间不长，容易理解

② 曲折——情节曲折，一般最后高潮

③ 清晰——立意清楚，能准确传达意义

④ 高雅——题材不低俗

对于演说者来说，最好的故事就是自己的故事。自己的故事最能打动人，调动听众的情绪。只要学会用导演的眼光来看待自己的故事，任何小事，经过重新塑造，都可以精彩无比。

这些故事可以是：

① 生命中之最。

你最快乐的事、最兴奋的事、最伤心痛苦的事、最刻骨铭心的事、最光荣的事、最骄傲的事、最失败的事、最悲惨的事，最感动的事等。

② 与他人的事。

与父母的事、与孩子的事、与朋友的事、与爱人的事、与老师的事、与同学的事、与客户的事、与竞争对手的事等。

③ 梦想的事。

生活的梦想、事业的梦想、财富的梦想等。讲梦想的故事时，演说者可以不受当下条件的限制，充分发挥想象力，把听众带入演说者所描绘的情境。

（3）讲故事的技巧

明确：时间、地点、人物，事情的起因、经过、结果要明确，不要使用模糊的概念或词语。有一个方法叫指名道姓法，给大家作参考。在讲故事时，不要用一些通用的名字，如张三、李四、小明等，可以借用大家熟悉的名人或身边的朋友，可以让故事更为真实，引发听众的共鸣。

注重细节：使用描述性的语言而非解释性语言，例如不要说“我很紧张”，而用“我紧张得手心都是汗”或“我紧张得后背的衣服都湿了”，如“学习好”不如说“每一科都考年段第一”，通过一些细节的描绘会让故事更形象，更生动！

情感：讲故事时要运用表情、肢体动作、语言、语气、语调等表达感情。肢体语言、人物塑造、对话与情感投入要与故事内容相契合。

悬念：好奇是人的天性，故事要有悬念，有戏剧性。

升华：不要为了讲故事而讲故事，就如“技巧一”所说的，要感性内容加上理性内容。在感性故事的基础上，要对故事进行理性的升华，根据演说的主题提炼出理性的中心思想。

（4）讲故事的方式

倒叙法：通过先说结果来制造悬念。

共鸣法：通过讲一些与听众有共同体验的故事，更快拉近演说者与听众的距离。

现身说法：讲自己的故事，亲切，更有说服力。

参与法：请听众参与互动。

视觉法：配合视频、图片、图标等。

数据法：数字，更有说服力，但数字一定要权威。

3. 演说稿内容技巧三：利用一二三理论

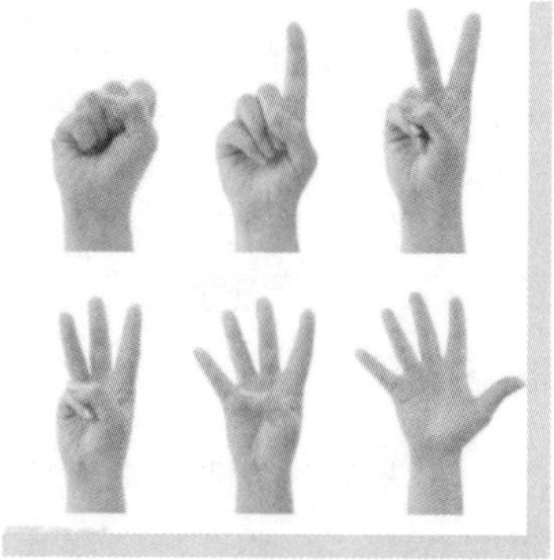

在设计演说稿的时候，尽可能多地利用一二三理论，即一个观点，如果要进行总结，尽可能总结成三点。这样可以让听众觉得演说者是一个有条理、有系统、有逻辑的人。

那么，三点讲不完怎么办呢？其实利用三点理论，并不是说一定只讲三点，三点讲完了，如果发现还有话要说，或者还有时间没用完，就可以借用以下的几个过渡句继续讲下去：

“还有一点我觉得也很重要。”

“其实还有一点也不可忽视。”

“另外，我再补充一点。”

“当然，如果能够再做到以下这点就更好。”

“有一点也需要强调一下。”

“最后我再强调一点。”

因此，在三点的基础上，可以讲五六点甚至七八点。

要丰富演说的内容，演说者平时要注意收集素材。除了从自己的个人知识与经历中去提炼外，也可以通过互联网、在线数据库，传统的图书、期刊报纸或与朋友的交谈中收集演说主题所需的素材。

素材收集后可以将这些素材进行分门别类：

核心素材：演说时所必须提出的素材；可任意处理的素材：如因演说时间不足而加以省略的话，也不会对整个演说造成伤害的那些素材；辅助素材：如果时间充足的话不妨把这类素材发表出来，这样做一定有益无害，或者是在回答别人问题时可以运用这些素材。

素材运用时要深入实际、内容具体、迎合听众、有的放矢。认真思考收集的素材可以用来印证何种观点或原理，要从哪方面切入。一个素材可以从不同的方面切入印证不同的观点或原理，同一观点或原理也可以用不同的素材进行诠释。

第三招　豹尾

豹尾就是结尾要强劲有力，言止意长，让听众意犹未尽并留下深刻印象。结束语有以下两种目的：

总结演说：以令人难忘的方式再次强调中心思想，重申主要观点。

结束演说：给出暗示演说结束的语言或非语言信号，激励听众做出回应。

几种常见结束语：

总结呼应式结尾：通过扼要地总结演说内容，再次强调中心思想，与开场形成前后呼应。

故事式结尾：通过讲一个故事来结尾。

引用式结尾：通过引用诗词、名人名言、成语、警句或格言来结尾，言简意赅，既有韵律又有哲理性和启发性。

鼓舞式结尾：通过提希望、发号召、表决心、立誓言、祝喜庆、贺成就、发挑战来结尾。

抒情式结尾：通过抒发自己讲述故事或事理后油然而生的情感来结尾。

其他开场白的样式也可做结束语的样式，起到前后呼应的作用。

有关演说稿设计的一些案例，大家可以在网上参考《开讲啦》《我是演说家》及《超级演说家》等节目中演说者的演说稿。也可在视频网站上观看视频。在观看过程中好好体会这些演说者如何开头、演说主题与主要观点如何提炼、如何讲故事、理性内容与感性内容如何结合、如何结尾等。他山之石，可以攻玉，从这些案例中感悟本章所讲的知识要点。

案例：

这“见鬼”的爱情

演说者：鲁豫

今天我讲演的题目是“这‘见鬼’的爱情”，我要讲的爱情故事，可能发生在我的身上，也可能发生在你的身上、他的身上，发生在每一个人的身上。故事全部是真事，为了讲述方便，我用第一人称。

下面这段话我觉得是我知道的最牛的开场白，我和我老公第一次约会，吃的第一顿饭，我说的第一句话，我说“我没时间和你谈恋爱，我要结婚”。这句话说了你可能觉得我很二，但要知道那个时候，我刚刚结束一段长达六年的爱情，那六年我爱得小心翼翼，爱得委曲求全。我们很少见面，最常用的联系方式就是发短信，我总觉得一个男人对一个女人最大的承诺和赞美就是娶她。而我们之间从来不会谈这个话题，我很明白就是因为他不够爱我，就这样，我等了一年、两年，我想跟他死磕，但是六年过去了，我觉得我熬不住了，爱情慢慢地离我远去。再说我跟我老公那顿饭我们吃得非常非常的好，第二天，我们就各自回到自己的家乡，我们向各自的家人汇报情况，然后第三天我们双方的家长从各自的城市，千里迢迢飞到北京来见面，一个礼拜之后，我们就决定订婚了，又过了一个礼拜，我们就结婚了。要知道以前谁跟我说什么相亲，什么闪婚，我觉得很不靠谱，但是后来事实告诉我，所谓的一瞬，如果你碰对了人，那一瞬就可以成为永恒。话说那已经是四年前的事了，如今我们在一起，生活得真的非常幸福，有一个儿子，今年三岁。

还有一个故事，长达十年的时间，有一个人告诉我，他说他喜欢了我十年了，最初的一面，是在一个很多人、很多人的场合，他远远地看到我，那一瞬间，他的心动了一下，但是那个时候我完全没有注意到他的存在。这之后的十年，他认识了我身边几乎所有的朋友、同事还有家人。其实我们有很多机会可以见面，可以认识彼此，但是每到这个时候，他都会放弃这样的机会。他对我说因为他明白，我是那个对的人，但那十年都不是对的时刻。于是那十年他就那样远远的，在很远的地方关注着我的一举一动，而我就这样经历着我的悲欢离合。十年之后，我终于踉踉跄跄地开始自己的人生，而这个时候，他终于出现在我的面前。当我们第一次真正地面对面地坐下的时候，他很平静，我也很平静，但是我明白那一刻我们平静在外表，而内心都充满了沧桑。他跟我讲了这十年的故事，然后他长长叹了一口气说：“唉，这就是念念不忘必有回想。”

我想爱就是这样，在对的时间碰到那个对的人，你要有勇气，也要有运气。爱情有的时候，美得像夕阳一样，有些恍惚，它下去之后，你会有些绝望，以为它永远不会升起，可是第二天，太阳还会挂在空中，依然的明亮，依然的耀眼。我很骄傲，我有一颗赤子之心，它被玩弄过，被欺骗过，可能已经破碎不堪，但它依然跳动，依然爱着。的确，哪怕爱明天让你遍体鳞伤，但是今天你还是要爱，哪怕它只有一瞬间，因为在你爱的那一刻，这个世界真的是无与伦比的美好。

女人永远是最佳辩手

演说者：陈铭

今天要跟大家分享的是一个关于女人和辩论的故事，名字叫作“女人永远是最佳辩手”。我在辩论的赛场上拿过世界冠军，拿过全程最佳辩手，也算得上是小有收获。但是，说实话有一件事情真的非常丢人，但是在这里我必须要向在座的所有人坦白，就是在生活的辩场上，有那么一个人，我是从来都没有赢过，那个人就是我的老婆。所以不知道在座各位会怎么想，但是我本人是发自内心深处赞同一句话“女人永远是最佳辩手”。

但是凡事总有原因，为什么呢？后来我开始不断地琢磨，我找到了第一层原因，男人总是输，那是因为男人总是讲道理。我有一个饱经沧桑和血泪的小小忠告，告诉在座所有的男士，就是当你面对女人的时候，你永远、永远不要试图讲道理，因为她们会坚信解释就是掩饰，掩饰就是欺骗的开始。

有一次，我老婆看中了一款包，她就把我拉过去，她想买，大家都知道全世界所有女人喜欢的包只有两个特色，第一美，第二贵。当然女人会比较关注它的前者，男人呢，只能关注后者。所以我老婆一直在看那个包的时候，我也一直在看那个包的价签，我在数，个十百千……我当时就崩溃了，我赶紧把她拉到一边，我背着这导购把她拉到一边，我得说服她，我说："老婆，你知道咱们中华民族五千年最美的传统美德是什么吗？勤俭节约呀；你知道当今中国经济最欠缺的精神是什么吗？是支持国货呀。你看看这个包，你看看这个包的价格，你知道它成本只有多少吗，你知道它利润翻了多少倍吗？你冷静一下，你跟我一起深呼吸，你想想看，我们家庭现在的经济情况，我们的收入状况，你现在买这么一个包，它理性吗，它负责吗，它是个现在我们应该有的选择吗？你这么漂亮一个大姑娘，你拎着这么一个包走在路上遭贼惦记呀，你拎着这么一个包去单位遭人妒忌呀，你考虑过单位和谐吗？你考虑过人际关系吗？你考虑过你办公室大妈的感受吗？"

当时，我上到民族情怀、消费理念，下到买这个包的性价比、收现比、收益比、风险比、收支状况对比，我慷慨激昂，鞭辟入里，我自己都已经快被自己的沉稳跟理性征服了，然后她只是看着我，眨巴着她的大眼睛，问我说："是你的那些道理重要，还是我重要？（傻了吧？）你说呀，说呀，说呀，说呀，你的那些叽叽咕咕、滴滴答答的臭道理、烂道理都比我重要一千倍、一万倍对不对？在你心里，我根本就不重要对不对，你根本就不爱我了，对不对？你之前要娶我的时候说的那些你爱我、你爱我都是骗人的对不对，你根本就不爱我了，对不对？"真的，她的眼泪当时已经快要飙出来了。在座的各位，你们说这个时候除了宣布她是最佳辩手并且掏出银行卡给她颁奖之外，还有任何其他的选择吗？

这是我总结的第一层原因，然后我往下深入地踏了一步，完了，我发现了事情的真相，女人之所以永远是最佳辩手，就是因为女人根本就不是辩手！她们是评委！她们是在你们感情生活中判断对错输赢，选择最佳辩手的评委和导师。对不对，李咏老师，是不是？如果您跟老婆有时候发生了争执，万籁俱寂的夜晚，您看向身边的爱人的时候，有没有一种看着导师甚至是看着导演的这种感觉，对不对？当然对于我本人来讲，我是个辩手，作为一个辩手，大家想一想，还有比发现你的对方辩友其实是评委更深的悲哀吗？就在这一份浓得不能再浓的悲哀当中，突然有一个全新的观点，让我一下子灵台透亮，豁然开朗。

大家想一想，作为一个男人，咱们输，输掉了一生的比赛，可是咱们赢，赢得了什么呢？那是一颗可爱的、俏皮的甚至有一点点蛮横的，但是从不遮掩、从不伪装的少女的心啊。这个世界上，还有什么比一颗愿意陪伴你到终老的、真诚的少女的心更宝贵的东西呢？所以人生的辩场上，女人永远是最佳辩手，男人总是输，女人总是赢，那只是因为——爱！

乔布斯在2005年斯坦福大学毕业典礼上的演讲

我今天很荣幸能和你们一起参加毕业典礼，斯坦福大学是世界上最好的大学之一。我从来没有从大学中毕业。说实话，今天也许是在我的生命中离大学毕业最近的一天了。今天我想向你们讲述我生活中的三个故事。不是什么大不了的事情，只是三个故事而已。

第一个故事是关于如何把生命中的点点滴滴串联起来。

我在 Reed 大学读了六个月之后就退学了，但是在十八个月以后我真正做出退学决定之前，我还经常去学校。我为什么要退学呢？

故事从我出生的时候讲起。我的亲生母亲是一个年轻的，没有结婚的大学毕业生。她决定让别人收养我，她十分想让我被大学毕业生收养。所以在我出生的时候，她已经做好了一切的准备工作。所以我的养父母突然在半夜接到了一个电话："我们现在这儿有一个不小心生出来的男婴，你们想要他吗？"他们回答道："当然！"但是我亲生母亲随后发现，我的养母从来没有上过大学，我的养父甚至从没有读过高中。她拒绝签这个收养合同。只是在几个月以后，我的养父母答应她一定要让我上大学，那个时候她才勉强同意。

在 17 岁那年，我真的上了大学。但是我很愚蠢地选择了一个几乎和斯坦福大学一样贵的学校，我父母还处于蓝领阶层，他们几乎把所有积蓄都花在了我的学费上面。在六个月后，我已经看不到其中的价值所在。我不知道我真正想要做什么，我也不知道大学能怎样帮助我找到答案。但是在这里，我几乎花光了我父母这一辈子的全部积蓄。所以我决定退学，我觉得这是个正确的决定。不能否认，我当时确实非常的害怕，但是现在回头看看，那的确是我这一生中最棒的一个决定。在我做出退学决定的那一刻，我终于可以不必去读那些令我提不起丝毫兴趣的课程了。然后我可以开始去修那些看起来有点意思的课程。

但是这并不是那么浪漫。我失去了我的宿舍，所以我只能在朋友房间的地板上面睡觉，我去捡可以换五美分的可乐罐，仅仅为了填饱肚子，在星期天的晚上，我需要走七英里的路程，穿过这个城市到 Hare Krishna 神庙（注：位于纽约 Brooklyn 下城），只是为了能吃上这个星期唯一一顿稍微好点的饭，我喜欢那里的饭菜。

我跟着我的直觉和好奇心走，遇到的很多东西，此后被证明是无价之宝。让我给你们举一个例子，Reed 大学在那时提供也许是全美最好的美术字课程。在这个大学里面的每个海报，每个抽屉的标签上面全都是漂亮的美术字。因为我退学了，不必去上正规的课程，所以我决定去参加这个课程，去学学怎样写出漂亮的美术字。我学到了San Serif 和 Serif 字体，我学会了怎样在不同的字母组合之中改变空白间距，还有怎样才能做出最棒的印刷式样。那种美好、历史感和艺术精妙，是科学永远不能捕捉到的，我发现那实在是太迷人了。

当时看起来这些东西在我的生命中，好像都没有什么实际应用的可能。但是十年之后，当我们在设计第一台 Macintosh 电脑的时候，就不是那样了。我把当时我学的那些东西全都设计进了 Mac。那是第一台使用了漂亮的印刷字体的电脑。如果我当时没有退学，就不会有机会去参加这个我感兴趣的美术字课程，Mac就不会有这么多丰富的字体，以及赏心悦目的字体间距。因为Windows只是照抄了Mac，所以现在的个人电脑才能有这么美妙的字形。

当然我在大学的时候，还不可能把从前的点点滴滴串联起来，但是当我十年后回顾这一切的时候，真的豁然开朗了。

再次说明的是，你在向前展望的时候不可能将这些片段串联起来；你只能在回顾的时候将点点滴滴串联起来。所以你必须相信这些片段会在你未来的某一天串联起来。你必须要相信某些东西：你的勇气、目的、生命、因缘……这个过程从来没有令我失望，只是让我的生命更加与众不同。

我的第二个故事是关于爱和失去。

我非常幸运，因为我在很早的时候就找到了我钟爱的东西。Woz 和我在 20 岁的时候就在父母的车库里面开创了苹果公司。我们工作得很努力，十年之后，这个公司从那两个车库中的穷小子发展到了超过 4000 名的雇员、价值超过 20 亿的大公司。在公司成立的第九年，我们刚刚发布了最好的产品，那就是 Macintosh。我也快要到 30 岁了。在那一年，我被炒了鱿鱼。你怎么可能被你自己创立的公司炒了鱿鱼呢？嗯，在苹果快速成长的时候，我们雇用了一个很有天分的家伙和我们一起管理这个公司，在最初的几年，公司运转得很好。但是后来我们对未来的看法发生了分歧，最终我们吵了起来。当争吵到不可开交的时候，董事会站在了他的那一边。所以在 30 岁的时候，我被炒了。在这么多人目光下我被炒了。在而立之年，我生命的全部支柱离自己远去，这真是毁灭性的打击。

在最初的几个月里，我真是不知道该做些什么。我觉得我很令上一代的创业家们失望，我把他们交给我的接力棒弄丢了。我和创办惠普的 David Pack、创办 Intel 的 Bob Noyce 见面，并试图向他们道歉。我把事情弄得糟糕透顶了。但是我渐渐发现了曙光，我仍然喜爱我从事的这些东西。苹果公司发生的这些事情丝毫没有改变这些，一点也没有。我被驱逐了，但是我仍然钟爱我所做的事情。所以我决定从头再来。

我当时没有觉察，但是事后证明，从苹果公司被炒是我这辈子发生的最棒的事情。因为，作为一个成功者的负重感被作为一个创业者的轻松感觉重新代替，没有比这更确定的事情了。这让我觉得如此自由，进入了我生命中最有创造力的一个阶段。

在接下来的五年里，我创立了一个名叫 NeXT 的公司，还有一个叫 Pixar 的公司，然后和一个后来成为我妻子的优雅女人相识。Pixar 制作了世界上第一个用电脑制作的动画电影《玩具总动员》，Pixar 现在也是世界上最成功的电脑制作工作室。

在后来的一系列运转中，苹果收购了 NeXT，然后我又回到了苹果公司。我们在 NeXT 发展的技术在苹果的今天的复兴之中发挥了关键的作用。而且，我还和 Laurence 一起建立了一个幸福完美的家庭。

我可以非常肯定，如果我不被苹果公司开除的话，这些事情一件也不会发生的。这个良药的味道实在是太苦了，但是我想病人需要这个药。有些时候，生活会拿起一块砖头向你的脑袋上猛拍一下，但不要失去信仰。我很清楚唯一使我一直走下去的信仰，就是我做的事情令我无比钟爱。你需要去找到你所爱的东西。对于工作如此，对于你的爱人也是如此。你的工作将会占据生活中很大的一部分。你只有相信自己所做的是伟大的工作，你才能怡然自得。如果你现在还没有找到，那么继续找，不要停下来，只要全心全意地去找，在你找到的时候，你的心会告诉你的。就像任何真诚的关系，随着岁月的流逝只会越来越紧密。所以继续找，直到你找到它，不要停下来！

我的第三个故事是关于死亡的。

当我 17 岁的时候，我读到了一句话：“如果你把每一天都当作生命中最后一天去生活的话，那么有一天你会发现你是正确的。”这句话给我留下了一个印象。从那时开始，过了 33 年，我在每天早晨都会对着镜子问自己：“如果今天是你生命中的最后一天，你会不会完成你今天想做的事情呢?”当答案连续多天是“No”的时候，我知道自己需要改变某些事情了。

“记住你即将死去”是我一生中遇到的最重要箴言。它帮我指明了生命中重要的选择。因为几乎所有的事情，包括所有的荣誉、所有的骄傲、所有对难堪和失败的恐惧，这些在死亡面前都会消失。我看到的是留下的真正重要的东西。你有时候会思考你将会失去某些东西，“记住你即将死去”是我知道的避免这些想法的最好办法。你已经赤身裸体了，你没有理由不去跟随自己内心的声音。

大概一年以前，我被诊断出癌症。我在早晨七点半做了一个检查，检查清楚地显示在我的胰腺有一个肿瘤。我当时都不知道胰腺是什么东西。医生告诉我那很可能是一种无法治愈的癌症，我还有三到六个月的时间活在这个世界上。我的医生叫我回家，然后整理好我的一切，那是医生对临终病人的标准程序。那意味着你将要把未来十年对你小孩说的话在几个月里面说完；那意味着把每件事情都安排好，让你的家人会尽可能轻松地生活；那意味着你要说“再见”了。

我拿着那个诊断书过了一整天，那天晚上我做了一个活切片检查，医生将一个内窥镜从我的喉咙伸进去，通过我的胃，然后进入我的肠子，用一根针在我的胰腺上的肿瘤上取了几个细胞。我当时是被麻醉的，但是我的妻子在那里，后来告诉我，当医生在显微镜下观察这些细胞的时候他们开始尖叫，因为这些细胞最后竟然是一种非常罕见的可以用手术治愈的胰腺癌症细胞。我做了这个手术，现在我痊愈了。

那是我最接近死亡的时候，我希望这也是以后的几十年最接近的一次。从死亡线上又活了过来，我可以比以前把死亡只当成一种想象中的概念的时候，更肯定一点地对你们说：没有人愿意死，即使人们想上天堂，也不会为了去那里而死。但是死亡是我们每个人共同的终点。从来没有人能够逃脱它。也应该如此。因为死亡就是生命中最好的一个发明。它将旧的清除以便给新的让路。你们现在是新的，但是从现在开始不久以后，你们将会逐渐地变成旧的然后被送离人生舞台。我很抱歉这很戏剧性，但是这十分的真实。

你们的时间很有限，所以不要将它们浪费在重复其他人的生活上。不要被教条束缚，那意味着你和其他人思考的结果一起生活。不要被其他人喧嚣的观点掩盖你真正的内心的声音。还有最重要的是，你要有勇气去听从你直觉和心灵的指示，它们在某种程度上知道你想要成为什么样子，所有其他的事情都是次要的。

当我年轻的时候，有一本叫作《整个地球的目录》振聋发聩的杂志，它是我们那一代人的圣经之一。它是一个叫 Stewart Brand 的家伙在离这里不远的 Menlo Park 编辑的，他像诗一般神奇地将这本书带到了这个世界。那是 60 年代后期，在个人电脑出现之前，所以这本书全部是用打字机、剪刀还有偏光镜制造的。有点像用软皮包装的 Google，在 Google 出现 35 年之前：这是理想主义的，其中有许多灵巧的工具和伟大的想法。

Stewart 和他的伙伴出版了几期的《整个地球的目录》，当它完成了自己使命的时候，他们做出了最后一期的目录。那是在 70 年代的中期，我正是你们的年纪。在最后一期的封底上是清晨乡村公路的照片（如果你有冒险精神的话，你可以自己找到这条路的），在照片之下有这样一段话："求知若饥，虚心若愚。"这是他们停止了发刊的告别语。

"求知若饥，虚心若愚。（Stay Hungry，Stay Foolish）"我总是希望自己能够那样，现在，在你们即将毕业，开始新的旅程的时候，我也希望你们能这样：求知若饥，虚心若愚。非常感谢你们！

第四式

魅力擒打式：因势利导，化敌为友

——演说者威信和魅力打造

在演说的过程中，演说者如何与听众进行互动问答？面对可能出现的各种情况如何处理？如何进行控场？这是每个演说者都会碰到的问题，解决得好，就容易树立演说者的权威，有时一个细节处理不好，会让整场演说的效果大打折扣，特别是有时遇到难缠的听众，处理不好甚至会导致整场演说无法继续下去。

第一招　互动

演说过程中，常有的互动方法有以下四种：

1. 简单问话互动

（答案是肯定或否定，且答案不超过三个字。）

（1）是还是不是？

（2）要还是不要？

（3）可以还是不可以？

（4）好还是不好？

（5）对还是不对？（同意还是不同意？）

2. 二选一互动

（1）希望哪一种？

（2）想要哪一个？

（3）哪个是正确的？

3. 重复互动

（1）让听众回忆一遍讲过的要点；

（2）让听众和你一起练；

（3）引导听众回答下半部分练习（一定要问简单的听众能回答的问题）。

4. 举手互动

（1）调查举手；

（2）认可举手；

（3）意愿举手；

（4）继续举手；

（5）表示肯定举手。

演说中加入互动环节可以让听众更有参与感，气氛更为热烈。在互动过程中，演说者最好选择一些比较简单的互动方式，让听众容易参与，并且是要可控的互动，但不要做一些复杂的互动，否则场面一乱，容易适得其反，导致无法控场。

第二招　应答

应答是打造演说者威信与魅力的另一个有效手段。一个能在演说过程中回答听众问题的演说者更显对演说内容的自信，让听众更为信服，也能更好地获取听众的反馈，明确是否达到演说的目的。

1. 回答问题流程

（1）预见问题，早做准备：最好提前准备好，根据你演说的主题，听众可能会问到的问题。

（2）倾听问题：要学会倾听，明确听众问题的内容。

（3）确认对问题的理解：有些问题可以从不同的角度进行理解或有歧义，必要时与听众确认对问题的理解。

（4）辨别问题的性质：听众提出问题，一般有以下的目的：

A. 表达自己的兴趣和赞同演讲者的观点；

B. 想得到更多关于某方面的信息；

C. 为消除某一疑虑；

D. 提出另一种观点；

E. 想出风头。

（5）选择处理问题的方式：

A. 可以直接回答的问题，直接回答，尽可能运用一二三理论作答，这会让听众觉得演说者条理清晰；

B. 问题是已经讲过的内容，换一个角度回答；

C. 对于某些我们不能回答或与演说无关的问题，可以直接告知与今天主题无关；对于某些故意找碴的问题，可以直接告知课后交流；

D. 回应全体听众，而不只是提问的人，并且不要让问题针对某个人；

E. 若某一位听众一直不停地提问，请其他听众回答；

F. 指明问答环节结束时间。

2. 现场回答氛围控制技巧

（1）要把自己的手举起来；

（2）要赞美提出问题的人；

（3）要给予提问人鼓励；

（4）不要让人有被冷落的感觉；

（5）管理好时间；

（6）要有适当的幽默；

（7）让每人每次只提一个问题；

（8）对没有听清楚的问题要让提问者再说一遍，不要盲目作答。

在应答环节还要注意不要让会场变成一个无秩序的讨论会或辩论会，特别是面对一些反对者为主的演说场合，对于一些暂时讲不清楚或与主题无关的问题，不要让听众相互展开讨论，要及时把问题收起来，重新回归到演说主题。

第三招　控场

演说者作为整场演说场合的中心，是整个场面的核心控制者，需要学习如何控场，确保演说有序进行。

演说会场由三者共同构成：一是演说者，二是听众，三是现场的硬件运用与摆设。演说控场就是要处理好这三者之间的关系。

1. 有关自己的处理

（1）内容出错的处理

第一，小错，不用理会，继续讲。

第二，如果自己已经意识到讲错了，不要刻意说讲错了，直接在后面补充正确的即可。

第三，如果是大的错误，并且被听众当场指出，要虚心接受，不要争论。

（2）忘词的处理

第一，放慢语速重复一遍内容，同时快速思索。

举例：今天给大家分享学好演说的五个关键：第一，第二，第三，（第四个忘记了）刚刚讲了三个关键，第一，第二，第三。那么第四个是……

第二，用疑问的形式重复一遍。

举例：今天给大家分享学好演说的五个关键：第一，第二，第三，（第四个忘记了）刚刚讲了三个关键，第一，第二，第三。各位觉得要学好演说，第四个应该是什么呢？

第三，跳过直接讲后面内容。

举例：今天给大家分享学好演说的五个关键：第一，第二，第三，（第四个忘记了）第四个（直接讲第五个）。

第四，如果对演说内容不是很熟悉，演说的时候最好用几点理论

举例：今天给大家分享学好演说最重要的几个（而不是五个）关键。第一，第二，第三，（第四个忘记了），我觉得这三个关键对于学好演说来讲是最重要的，各位同意还是不同意？（本来要讲五个，因为后面忘了，就变成三个了。）

（3）“卡壳”的处理

假装倒水、喝水；让听众休息；把刚才的内容再做重复；稍作停顿；提问。

2. **有关听众的处理**

在演说中，难免会碰到一些调皮捣蛋的难缠听众，特别是在一些有斗争或冲突的场合发表演说，如处理冲突的演说、竞选演说等，或者在面对一些不同宗教，不同政见的听众发表演说时，更容易出现这种难缠的听众。有时这些听众还真不好处理，处理不好不仅可能会让演说者颜面扫地，严重的会导致整个演说无法继续。

（1）处理难缠听众的重点

第一，要辨认难缠听众的行为。

表2　难缠听众的心理模式与行为表现

心理模式	行为表现
引起注意力	多嘴、小丑
展示影响力	意见多、爱表现
报复	唱反调、对抗
水平不够	没反应、应声虫

第二，选择相应的处理方法。

常用处理难缠听众的方法有以下几种，我们从消极方法到积极方法及其风险程度排列如下：

视而不见　　消极　风险小
肢体语言
口头警告
私下沟通（间接）
私下沟通（直接）
群众压力
请君走路　　积极　风险大

演说者可以根据现场情况灵活选择以上的方法处理，原则上要确保演说的有序、有效进行，确保演说目的的达成。

第三，处理难缠听众时的情绪。

欣赏、微笑、控制、相信对方是朋友。

（2）其他情况的处理

第一，气氛比较沉闷、有人睡觉怎么办？

一是走下舞台，站在睡觉听众旁边讲边轻轻拍下肩膀。

二是让听众举手并叫“YES”。或者两个人一组，做游戏。

三是进行互动，只要叫听众上台，现场就会活跃。

第二，有行家高手出场怎么办？

一是表示感谢，私下请教，给高手一个台阶下。

二是表示感谢，请行家高手给大家分享三分钟故事。

第三，课堂秩序混乱怎么办？

一是演说前主持人叫安静。

二是演说者停下不讲话，大家都会把目光转到那几个听众身上。

第四，听众总有质疑怎么办？

一是每个人只能一次提一个问题原则。

二是课后探讨原则。

第五，内容多时间少怎么办？

一是演说前知道临时时间改短，只讲重点。

二是演说中知道临时时间改短，讲剩下的要点。

3. 现场硬件运用与摆设的处理

（1）演说前的资料、工具与场地准备

资料：教材、随堂资料（说明性资料、讨论资料、测试文件）、评估表格、笔记与手稿等；

工具：讲师教材、白板和白板刷、投影仪和投影屏幕、录音笔、摄像设备、麦克风和电池、大白纸、座位牌及其他需要特殊准备的材料；

场地：以正方形或长宽比例为 4 ∶ 3 的长方形为宜、音响设备、恒温设备、充足的自然光线、无噪音、无电话、有多相插座的电源、桌椅完好、座位安排等。

音乐与灯光要根据不同主题及效果进行选用。选用适当的音乐再配合相应的灯光，让听众自然融入主题所要表达的氛围中。

位置的摆放方式要根据听众的人数与演说的主题做相应的调整。

常见的位置摆放方式如图 9 所示：

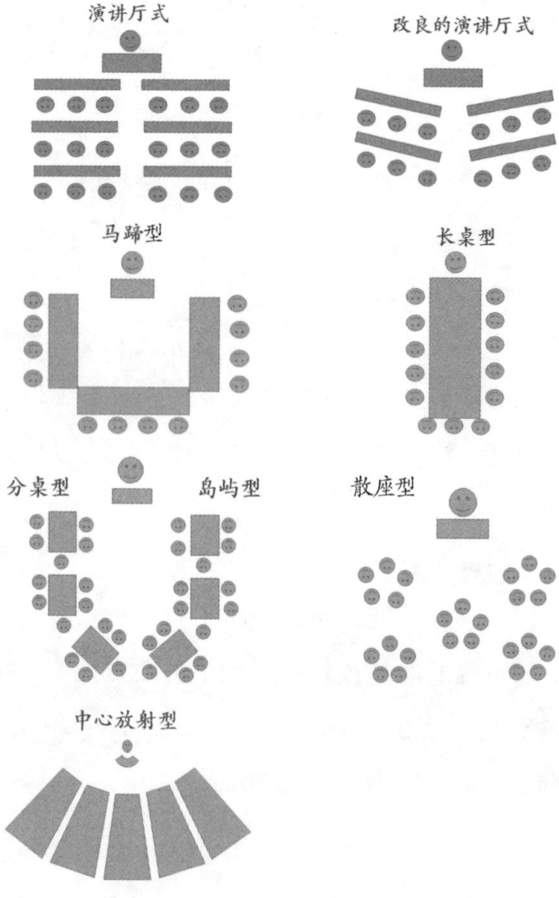

图 9　常见的位置摆放方式

演说的 10 个信念

1. 我喜欢讲话，我热爱舞台；
2. 我喜欢我自己，这个世界将因我而更加精彩；
3. 我能上台是因为我最合适；
4. 只要有开口说话的机会我就开口说话；
5. 只要讲话就用肢体动作表达；
6. 只要讲话就用眼神表达；
7. 只要讲话就用面部表情表达；
8. 只要有微笑的机会，我就微笑；
9. 只要有鼓励和赞扬的机会，就要鼓励和赞扬别人；
10. 台下人越多，越能展现我的魅力。

第五式

魅力展现式：高屋建瓴，气势磅礴

——魅力演说稿设计

演说稿设计要求除前述的凤头、猪肚、豹尾外，要展现一场更富有魅力的演说，还需在演说稿的写作上加入一些修辞的技巧，这样才能让整场演说气势更加磅礴，立意更加深刻。这里给大家介绍在演说中最常用到的三招。

第一招　比喻

在演说中有些抽象、深奥的道理或听众不太熟悉的题材，我们在演说时如何去处理呢？秘诀是多用比喻，用人们熟知的事物去比拟他们所不知道的事物。

比喻是用具体、浅显、熟知的某种事理或情景来比另一种抽象、深奥、生疏的事理或情景的修辞手法，或寄情于物，或托物言志，引起听众的共鸣和深思。比喻具有深刻、形象和幽默诙谐的特点，可以增强语言的表现力和感染力，也能增强语言的抒情色彩和喜剧效果，把精彩的论述与拟象的描绘融为一体，既能给人理性上的启迪，又能给人艺术上的美感。

耶稣就是运用比喻的高手。比如他在形容“天国是什么样子”时，这样对巴勒斯坦农人说的：“天国好像面酵，妇人把它拿来藏在三斗面里，直等全部都发出来；天国好像商人在寻找珍珠；天国好像网撒在海里。”这样一来，巴勒斯坦农人都能明白了，因为妇人们每星期都使用酵母，商人常从事珠宝贸易，渔人每天抛网到海里去。多用比喻，深入浅出，能够把抽象的道理具体化，把概念的东西形象化，让听众听得入耳、听得明白。

战国时期，有人在魏王前进谗言说：“惠施说话爱用比喻，假如不让他用比喻，他就什么事情也说不清楚。”魏王半信半疑，后来见到了惠施，就说：“请先生说话直截了当，以后不要再用什么比喻！”惠施说：“现在这里有个人，不知道‘弹’是怎样一种东西。如果他问您：‘弹的形状是怎样的？’您告诉他：‘弹的形状像弹。’他能听得明白吗？”魏王摇头说：“不明白。”“对呀。”惠施说，“如果您告诉他：‘弹的形状像弓，它的弦用竹子做成，是一种弹射工具。’他听得明白吗？”魏王点头说：“可以明白了。”惠施说：“比喻的作用就是用别人已经知道的事物来启发他，使他易于理解未知的事物。现在大王叫我不用比喻，那怎么行呢？”魏王高兴地说：“你说得很对呀！”

惠施是战国时期哲学家，名家学派代表人物，曾在魏国为相。他给魏王谈的例子，说明了比喻在交际活动中的作用。随着社会的变迁和发展，比喻已经成为富有表现力的一种修辞手段。

在演说的开头恰当运用比喻，能让演说变平淡为生动，化腐朽为神奇，快速吸引听众的注意力，从而产生意想不到的功效。

如演说稿《我的理想》的开头：“如果你是一滴水，你是否滋润了一寸土地？如果你是一线阳光，你是否照亮了一分黑暗？如果你是一颗粮食，你是否哺育了有用的生命？如果你是一颗最小的螺丝钉，你是否永远坚守在你生活的岗位上？如果你要告诉我们什么思想，你是否在日夜宣扬那最美丽的理想？你既然活着，你是否为了未来的人类生活付出你的劳动，使世界一天天美丽？我想问你，为未来带来了什么……”

在这里，演说者运用“一滴水”“一线阳光”“一颗粮食”“一颗最小的螺丝钉”四个比喻，生动形象地表达出作为有生命的人，应该为未来带来点什么，至少应该为未来的人类生活付出自己的劳动，让世界一天天变得美丽。“水”“阳光”“粮食”“螺丝钉”都是日常生活中平常的事物，演说者把它们拿来比喻人类对理想的思考，能让听众对“理想”这个抽象的概念有了更直观的认识：水能滋润土地，阳光能照亮黑暗，粮食能哺育生命，螺丝钉能坚守岗位，我们自己应该做点什么呢？

再如演说稿《为了祖国，为了明天》的开头：“现在我们所处的时代，大概是有了一个蛋糕可供众人分配，但蛋糕不够大，并不能保证每一个人可分得心满意足的一块，况且又没有特别清晰可信的分蛋糕的规则，结果众生你争我夺甚至尔虞我诈，无非是想让自己的那一块做得大一些，自然，别人的蛋糕就少了，这个时期，人们对诚信的呼唤最为迫切。随着社会的逐渐富足，蛋糕做大了，分蛋糕的规则也明确了，社会诚信就会好得多。因此，中国人现在如此迫切地呼唤诚信，并非倒退，而是我们正在爬坡。”

这篇演说稿开篇就运用分蛋糕的比喻，形象地表现了当今人们对诚信的迫切呼唤。社会虽然进步了，人们的物质利益也增多了，然而人们的诚信意识还不够，难免会出现你争我夺的现象。一个分蛋糕的比喻，让听众看到了当今人们诚信意识的不足，同时也让听众产生了对未来诚信社会的期盼。

演说稿的结尾如果能运用比喻，它可以加重演说的结束力量，让演说在听众的耳中旋转，深入记忆，达到“余音绕梁，三日不绝”的效果。

如演说稿《青春无悔》的结尾：“临渊羡鱼，不如退而结网。用我们的智慧和勇气扬起理想的风帆，用我们的青春和生命奏响时代的强音！当我们抛弃了迷茫，把握了航向；当我们勤字当头，不懈地摇桨，命运的闸门会向我们敞开，诱人的时刻终将到来！未来不是梦，今天，在我们手中！以激情为旗，用青春作注，拼一个无悔的人生！”

这里连续运用“理想的风帆”“时代的强音”“把握了航向”“不懈地摇桨”“命运的闸门”“激情为旗”“青春作注”等比喻，将无形的青春形象化，生动地表现了当代青年意气风发的豪情壮志和蓬勃旺盛的生命活力，给演说画上了圆满的句号，给听众深深的震撼。

再如演说稿《让青春飞扬》的结尾：“能登上金字塔的生物只有两种：雄鹰和蜗牛。虽然我们不能人人都像雄鹰一样一飞冲天，但我们至少可以像蜗牛那样凭着自己的耐力默默前行。”

这里妙用比喻，把天才和普通人分别比喻为雄鹰和蜗牛，生动形象地说明了普通人没有天才的天赋，只有通过尝试，通过毅力才能化平淡为辉煌，实现自己的人生价值。

运用比喻，主要有以下四个功能：

1. 化抽象为具体，彰显演说的形象性

运用比喻，可以使抽象的事物具体化，再现一幅栩栩如生、生动形象的图画。2006 年 11 月 24 日，胡锦涛主席在伊斯兰堡会议中心发表演说，开头这样说：

“这次来，一走下飞机，我们就受到贵国政府和人民的隆重欢迎，再次亲身感受到巴基斯坦人民发自内心的兄弟情谊。这种情谊，正像巴基斯坦朋友形容的那样：比喜马拉雅山还高，比印度洋还深，比蜜还甜。”

胡锦涛主席运用博喻和较喻，用两国人民熟知的“喜马拉雅山”“印度洋”和“蜜”来比喻巴基斯坦人民发自内心的兄弟情谊，具体可感，鲜明生动，创造出非常友好的气氛，一下子拉近了与听众的距离。

又如：敬爱的老师，你们像蜡烛一样燃烧自己，照亮别人，而照亮别人的火焰永远燃烧；你们像石子一样默默地铺筑历史的跑道，而这些铺筑跑道的石子与青山一样不老。敬爱的老师，在学生成长的道路上，是你们用青春与智慧在我们心灵的荒漠里开拓出一片片绿洲；以身体力行，用为人师表，在莘莘学子的人生旅途中竖起远航的灯塔、道德的丰碑。敬爱的老师，你们的胸怀像天空一样高远，你们的恩情像高山一样凝重。在不久的将来，无论我们长成参天大树，抑或是低矮的灌木，我们都将以生命的翠绿向你们祝福！

这是学生在教师节上所做的演说片段，这位学生运用大量的比喻、诗化的语言歌颂了教师的伟大、崇高与无私的思想境界和美丽心灵，形成一种庄重典雅的风格，色彩绚丽，动人心弦，彰显演说的形象性。

2. 化深奥为浅显，体现演说的通俗性

运用比喻，使深奥的理论浅显化，表述自然，语言直白，通俗易懂。1935 年秋，章乃器被聘为上海光华大学和沪江大学的教授，讲授“国际金融”“中国财政”等课程。当讲到“金融”的含义时，章乃器用了非常形象的比喻：

“金是一种坚硬而固定的物质，融是融化流通的意思，金何以能融？这有赖于信用之火的燃烧，但有时烧得太猛了，融化了的金子腾沸洋溢，反而浇灭了信用之光，跟着融化的金也就冷却而冻结了，这就是信用过度膨胀，形成了恐慌的现象——就是所谓资产的冻结。

‘金融’的重要意义是要金钱融化流淌，要不得的就是呆滞冻结。”话音刚落，教室里就像炸开了锅似的，学生们一个个兴奋难抑。此后，每次轮到章乃器上课，学生们均异常兴奋，听他讲课的学生也越来越多，常常连窗台上都坐满了人。

“金融”是经济学里难以用一两句话解释清楚的专业术语。章乃器教授先把“金融”拆开，解释其两个语素的含义，然后巧妙运用隐喻，把“信用”比作“火”妙解“金融”，揭示其含义，把深奥的理论浅显化，使学生轻松愉快地接受，不但通俗易懂，而且幽默风趣。

3. 化平凡为神奇，展示演说的创新性

运用比喻，使平凡的事情神奇化，令人耳目一新。2008 年中央电视台《赢在中国》第六场比赛，新东方教育集团总裁俞敏洪先生精彩点评，发表“树草理论”：

“我们每一个人都需要自己的成长空间，我们人的生活方式有两种，第一种是像草一样地活着，尽管活着，每年还在成长，但是你毕竟是一棵草，你吸收雨露阳光但是长不大，人们可以随意踩过你，但是人们不会因为你的痛苦而痛苦，不会因为你被踩了，而来怜悯你，因为人们本身就没有看到你。

所以，我们每一个人都应该选择第二种活着的方式——像树一样活着，像树一样成长。即使我们现在什么都不是，但是只要你有树的种子，即使被人踩到泥土里，你依然能够吸收泥土的养分，继而成长，也许两三年长不大，但是十年、二十年，你一定能长成参天大树！

那时遥远的地方，人们也能看到你，走近你，你能给人一片阴凉，一片绿色，你能帮助别人，即使人们离开你以后回头一看，你依然是地平线上一道美丽的风景线。树，活着是美丽的风景，死后也是栋梁之材。活着死了都有用，这就是我们每一个同学做人的标准和成长的标准。”

俞敏洪先生的出色演说源于他的思维敏捷，思想深刻，这里他用比喻说明两种人：第一种是像草一样地活着并成长，第二种是像树一样活并成长，对比鲜明，富有创新性，告诫每一个同学做人的标准和成长的标准，激起了听众的情感共鸣，产生一股强大的神奇力量。俞敏洪先生接着又赞美水的精神：

“每一条河流都有自己不同的生命曲线，但是每一条河流都有自己的梦想——那就是奔向大海。我们的生命，有的时候会是泥沙。你可能慢慢地就会像泥沙一样，沉淀下去了。一旦你沉淀下去了，也许你不用再为了前进而努力了，但是你却永远见不到阳光了。

所以我建议大家，不管你现在的生命是怎么样的，一定要有水的精神，像水一样不断地积蓄自己的力量，不断地冲破障碍。当你发现时机不到的时候，把自己的厚度给积累起来；当有一天时机来临的时候，你就能够奔腾入海，成就自己的生命。”

俞敏洪先生用对比方法，先把我们的生命比作泥沙，然后又比作水，人要有水的精神，像水一样不断地积蓄自己的力量，时机一到就能成就自己。拿“泥沙”和“水”做喻体，蕴含深刻的人生意义，见人之所未见，发人之所未发，表现了演说的创新性。

4. 化严肃为轻松，增加演说的风趣性

运用比喻，使严肃变为轻松，既能融合演说者与听众的关系，又能增加演说的幽默风趣，使演说收到较好的效果。“今天来了这么多人，无非是想看看吕叔湘是什么人，就像动物园新到了一只猴，大家都跑去看，看完之后，就觉得不过如此。”这是著名语言学家吕叔湘先生有一次到苏州做报告的开场白。他这一调侃式的自嘲，把自己比喻成动物园新到的一只猴，引来了全场的笑声，使原来严肃的会场顿时变得活跃起来。演说者开头自我贬低，以谦虚、俏皮的态度调侃，起到拉近距离、调节气氛的作用。

著名建筑学家梁思成教授在清华大学给美术班学生做课堂演说时，看到学生写生的教具是一个陶罐和一个瓷盘子，他指着陶罐和瓷盘子对学生说："今天老师给你们挑了很好的教具，罐子和盘子放在一起，这里面就有很深的哲理。一个盘子，你滴上几滴水就看见一个很大的水面，你可以一眼就看见它有多少水。但是，一个小口的罐子，你却看不见它有多少水，即使装满了，你看见的水面也只是一点点。你把它碰翻了，它洒出来的水也只是一部分，还有很多留在里面，所以要知道盘子的水绝对不如罐子里的水多，你要想喝到这些水并不容易。你们考上了清华大学，自己觉得了不起，但那只是一个盘子，是你们看得最清楚的，一点一滴都看见了。但是你们的老师则是一个罐子，首先你要认识到他的容量是很大的，要知道他的学问都装在肚子里，你是看不见的。老师所具有的本事和美好的东西不是你在课堂上就能看到的。不要只重视名人专家，要学会尊重你的老师，你周围的人，而且要看到你周围的人的本事，不要把自己的分量看得太重了。"

对刚入清华大学的学子，梁思成教授耐心教导他们，不但要学知识，而且要学做人，要谦虚谨慎，不要自以为是，"要学会尊重你的老师，你周围的人，而且要看到你周围的人的本事"，把大学生"自己觉得了不起"比作盘子，把老师"知识容量很大""学问都装在肚子里"比作罐子，真切可感，言近旨远，把严肃的课堂变得轻松快乐，使学生兴趣倍增，视野开阔，体现了梁思成教授演说的幽默风趣。

爱尔兰作家王尔德说："第一个把花儿比作姑娘的是天才，第二个把花儿比作姑娘的是庸才，第三个把花儿比作姑娘的是蠢材。"运用比喻，来描绘事物或说明道理，要勇于当"第一个"，展示演说的形象性、通俗性、创新性和风趣性，才能使演说别开生面，不同凡响，才能会充满蓬勃生机，更加流光溢彩，新意盎然。

比喻，演说的神奇魔棒，它可以贯穿于整篇演说中。巧妙运用比喻，它能让演说者在演说场上挥洒自如，让你的演说生动形象，酣畅淋漓。用好比喻这根魔棒，让它为我们的演说增光添彩。

在本章所附的案例中，《亮剑》中李云龙的演说，把军魂用“亮剑精神”来比喻；《走向共和》中孙中山的演说用中山装来讲解什么是共和；冯仑把理想比作GPS；俞敏洪把人生的两种不同活法用小草和树木比喻；《我有一个梦想》中把《解放宣言》比作带来希望之光的硕大灯塔等，都是很好的运用比喻的手法，用生动形象的事物来讲解深刻的道理。

第二招　排比

排比，又称为排迭，即将三个或三个以上结构相似，意义相关，语气一致的词组、句子、段落排列组合在一起的一种修辞方法。排比可以增强语势，如长江大河，一泻千里；可以周全语义，使论述深刻，语意畅达。

演说，是一门感召性极强的语言艺术，具有较强的宣传、感染、鼓动和教育功能，具有针对性强、观点鲜明、语言生动、情感浓郁等特点。而一篇优秀的演说，不仅要融入深刻独特的思想，而且还要以具有美感的语言反映这种思想。因此，有时为了达到理想的演说效果，巧妙地运用排比这一修辞手法，就成了演说者最佳的选择。

排比句的分类：

（1）成分排比

即一个句子中的一些成分组成排比，例如：延安的歌声，它是黑夜的火把，雪天的煤炭，大旱的甘霖。

（2）分句排比

即一个复句的各个分句构成排比，例如：他们的品质是那样的无私和高尚，他们的意志是那样的坚韧和刚强，他们的气质是那样的淳朴和谦逊，他们的胸怀是那样的美丽和宽广。

（3）单句排比

例如：文明像一盏灯，照亮了你我前行的道路；文明像一首歌，交织着你我共同的心声；文明像一把钥匙，开启了心灵之锁！

（4）复句排比

例如：如果我们能够研制出一种类似鹰眼搜索的观测技术系统，就能够扩大飞行员的视野，提高他们的视敏度。如果能研制出具有鹰眼视觉原理的“电子鹰眼”，就有可能用于控制远程激光制导武器的发射。如果能给导弹装上小巧的“鹰眼系统”，那么它就可以像雄鹰一样，自动寻找、识别、追踪目标，做到百发百中。

造排比句的方法：

（1）根据各种句式来造排比句

① 重复式

A. 重复前半部分

例如：我梦想有一天，这个国家会站立起来，真正实现其信条的真谛：“我们认为这些真理是不言而喻的，人人生而平等。”我梦想有一天，在佐治亚的红山上，昔日奴隶的儿子将能够和昔日奴隶主的儿子坐在一起，共叙兄弟情谊。我梦想有一天，甚至连密西西比州这个正义匿迹，压迫成风，如同沙漠般的地方，也将变成自由和正义的绿洲。我梦想有一天，我的四个孩子将在一个不是以他们的肤色，而是以他们的品格优劣来评判他们的国度里生活。

B. 重复后半部分

例如：饿的时候有饭吃就是幸福；困的时候有床睡就是幸福；冷的时候有衣穿就是幸福。

② 判断式

例如：痛苦是黑暗中的摸索，前进的路途中满是坎坷；痛苦是无人理解的悲哀，无助地面对一切挫折；痛苦是心灵最深的折磨，无泪且无法直言；痛苦是天生没有的表情，是烦恼中的恶魔。

谎言是一只心灵的蛀虫，将人的心蛀得面目全非；谎言是一个深深的泥潭，让人深陷其中无法自拔；谎言是一个无尽的黑洞，让人坠入罪恶的深渊万劫不复。

自私是一面镜子，镜子里永远只看得到自己；自私是一块布，蒙住了自己的眼睛，看不见别人的痛楚；自私是一层玻璃，看上去透明，却始终隔开了彼此的距离。

青春是用意志的鲜血和拼搏的汗水酿成的琼浆——历久弥香；青春是用不凋的希望和不灭的向往编织的彩虹——绚丽辉煌；青春是用永恒的执着和顽强的韧劲筑起的一道铜墙铁壁——固若金汤。

③ 问句式

A. 设问式

例如：尝试是什么？尝试是乌云蔽日时能直上云霄的那只最勇敢的鸟；尝试是什么？尝试是大浪迭起的海面上勇往直前的一叶扁舟。尝试是什么？尝试是高耸入云的山峰中继续攀登的一股力量。

B. 反问式

例如：那别萧萧易水而去的壮士，难道他不留恋自己的家园故国？难道他不知道深入虎穴的险恶与危难？难道他不知道妻儿和父母的痛苦与埋怨？他义无反顾地去了，去得那样坚定，带着一腔对国君的忠诚和对誓言的忠贞。

难道友谊不是你哭泣时一句轻声的安慰吗？难道友谊不是你心灵的一张创可贴吗？难道友谊不是你劳累时的一杯清茶吗？

④ 假设、因果、转折、条件、对比式

A. 假设式

例如：如果你只看到太阳的黑点，那么你的生活将缺少温暖；如果只注意月亮的阴影，那么你的生命历程将难以找到光明。

如果你总是抱怨朋友的缺点，那么你的人生将难以找到知音；如果你总是苛求完美无缺，那么你的人生将只会在遗憾中度过。

B. 因果式

例如：生活如酒，或芳香，或浓烈，或馥郁，因为诚信，它变得醇厚；生活如歌，或高昂，或低沉，或悲戚，因为诚信，它变得悦耳；生活如画，或明丽，或黯淡，或素雅，因为诚信，它变得美丽。

C. 转折式

例如：不是每朵鲜花都代表爱情，但是玫瑰做到了；不是每棵树都耐得住干渴，但是胡杨做到了；不是每颗星星都能够许下心愿，但是流星做到了；不是每颗石头都能永垂不朽，但是钻石做到了！

再艰险高峻的地方，也有攀登者的身影，只要勇敢，就能战胜困难。喜马拉雅山直冲霄汉，可上面有攀登者的旗帜；撒哈拉沙漠一望无垠，可里面有跋涉者的脚印；阿尔卑斯山壁立千仞，可其上有探险者的身影；雅鲁藏布江湍急浩荡，可其中有勇敢者的故事。

D. 条件式

例如：有了广博的才智，才能潇洒地运筹帷幄，决胜千里；有了过人的胆识，才能潇洒地力挽狂澜，临危不乱；有了坚定的信念，才能潇洒地渡过难关，稳如泰山。

E. 对比式

例如：当你在暗夜中想象黎明时，才明白昨天错过的朝霞有多美；当你人过中年仍碌碌无为时，才明白荒废的光阴有多可贵；当你浪荡独行在人生之路时，才明白有朋友相伴有多幸福。

⑤ 渐进式

例如：一朵浪花，是一个跳动的音符；一排浪花，是一组激昂的旋律；一江浪花，是一部欢乐生命的乐章。

“朵”“排”“江”是数量的变化；“个”“组”“部”也表现了数量的变化；“音符”“旋律”“乐章”表现了从小到大的过程。因此，语意逐步增强，往往是气势渐增，程度渐深，高度渐高。

一日之计在于晨，一年之计在于春，一生之计在于勤。

一丝清风是一个浅浅的微笑，一缕清风是一声轻轻的问候，一阵清风是一次真诚的会晤。

（2）用排列诗词名言来造排比句

例如：幸福是“临行密密缝，意恐迟迟归”的牵挂；幸福是“春种一粒粟，秋收万颗子”的收获；幸福是“但愿人长久，千里共婵娟”的祝愿；幸福是“常记溪亭日暮，沉醉不知归路”的回忆；幸福更是“衣带渐宽终不悔，为伊消得人憔悴”的追求。

骨气就是孟子“富贵不能淫，贫贱不能移”的忠贞不渝；骨气就是李白“安能摧眉折腰事权贵，使我不得开心颜”的傲岸不羁；骨气就是于谦“粉骨碎身浑不怕，要留青白在人间”的刚强不屈。

乐观是那肃杀秋日直上青天的一行白鹭，乐观是那沉舟侧畔御风航行的万点白帆，乐观是那焚烧不尽春风又生的萋萋芳草，乐观是那化作春泥更护花的点点落红。

屈原在政治主张未被采纳却“忠而被谤”的苦难中，仍能“哀怨托离骚，孤忠报楚国”；司马迁仗义执言而遭受腐刑，却能“忧愁发愤，著成信史照尘寰”；杜甫虽“长夜沾湿”“布衾似铁”却依然将“民间疾苦”化为“笔底波澜”，吟诵出“大庇天下寒士”的千古绝唱；他们用全部的热情和才智与命运进行了不屈的抗争，升华了自己也点缀了历史。

（3）用排列名人事例来造排比句

例如：楚怀王偏信谗言，放逐屈原，落得身死国灭的下场；项羽刚愎自用，赶走范增，落得自刎乌江的下场；马谡自以为是，不信王平，使得街亭失守，落得人头落地的下场。前事不忘，后事之师，难道我们还要重蹈以上失败者的覆辙吗？

站在历史的海岸漫溯那一道道历史沟渠：楚大夫沉吟泽畔，九死不悔；魏武帝扬鞭东指，壮心不已；陶渊明悠然南山，饮酒采菊……纵然谗佞当道忠而被谤，也不随其流扬其波，这是执着的选择；纵然马革裹尸，魂归狼烟，也胜过老死户牖碌碌一生，这是豪壮的选择；纵然一身清苦，终日难饱，也愿怡然自乐躬耕陇亩，这是高雅的选择。

命运就是项羽英雄末路自刎乌江时的那一声声仰天的长叹；命运就是屈原留在汨罗河畔的那一串串沉痛的叩问；命运就是贝多芬在双耳失聪时指尖下所击出的那一曲曲悲壮的交响；命运就是奥斯特洛夫斯基双目失明后写下的那一页页辉煌的华章。

造排比句的时候，往往不是以上单一方法的运用，而是几种造法的组合。

例如：怀疑能使我们革新思想，走出误区，创造辉煌。为什么要怀疑？如果没有怀疑，那么又怎么会有哥白尼的日心说？为什么要怀疑？如果没有怀疑，那么又怎么会有伽利略在斜塔上的经典实验？为什么要怀疑？如果没有怀疑，那么又怎么会有牛顿因苹果落地而产生的重力定理？为什么要怀疑？如果没有怀疑，又怎么会有霍金的进一步纠正自己的黑洞理论？

总之，排比的方式不拘一格，演说者可根据演说风格及表达内容做出不同的选择。但不管选用哪种排比方法，都应注意以下几个问题：切忌生拼硬套，以免失之于滥；注意排比中各个分句之间的逻辑关系及排列的条理性；另外，不仅要注意句意上的推敲，还要注意在音韵和音节上的推敲等。只有这样，演说才会因排比而锦上添花！

在本节所附的案例中，也大量地使用了排比的手法。如孙中山先生的“可民国六年来，我们看到的是什么……”的连续运用，强烈地罗列出民国六年来的种种黑暗现象。如“如果共和是错的，那自由就是错的，如果共和是错的，那平等就是错的，如果共和是错的，那博爱就是错的吗？”还有在《我有一个梦想》中的“100 年后……100 年后……”“我梦想有一天……我梦想有一天……”及结尾的“让自由之声响彻……”等。

在设计演说稿时，如果我们想要表达一种强烈的思想感情，别忘了使用排比的手法，把思想感情更完整、更有气势地表现出来。

第三招　幽默

演说中使用幽默不仅让整个演说更为精彩，也容易跟听众拉近距离，让听众对演说留下深刻的印象，达到演说目的。我很认可乐嘉在

《我是演说家》中的一句话，他说“评判一个演说好坏与否的标准就是过一段时间再回想这个演说，听众是否还能记住当时的一些内容”。而幽默的语言及故事不仅能达到这种效果，而且演说中幽默的运用也体现出演说者的智慧与从容。

常见的幽默有以下几种方式：

（1）相声：通过语言或者对话来达到幽默的效果；

（2）笑话：通过一个有趣的小故事来使人们感到好笑；

（3）无厘头：利用表面毫无逻辑关联的语言和肢体动作，使人们有滑稽的感觉；

（4）戏仿：通过模仿来使人们感到滑稽；

（5）恶搞：通过毫无道理的方式（例如在照片上画胡子），使观看者感到好笑；

（6）黑色幽默：是一种对现实采取嘲笑抨击、揭露和讽刺、幻想和否定结合在一起的“黑色”的“幽默”。

演说幽默注意事项：

（1）不要反复说同样的一句话；

（2）讲笑话的人，自己不要先笑，如果自己先笑了，大家就笑不起来了；

（3）讲任何事情，都不要通过贬低别人来抬高自己。

这里给大家介绍三种制造幽默的方法：

（1）从现场寻找幽默元素；

（2）从生活中寻找幽默来源；

（3）矛盾法：虚拟、反语、双关语、夸张、自嘲、曲解、对字词的不同理解、谐音方言、顺口溜、打顿、将错就错、留下空白让人想象。

幽默在演说中的运用：

1. 用幽默来做自我介绍

面对第一次见面的听众时，演说者在演说前进行一番自我介绍是必要的。而幽默地介绍自己，一开始就利用自己的幽默感，打破沉闷的局面，这样能迅速地吸引听众，集中听众的注意力，为演说的顺利进行做好铺垫。

台湾著名艺人凌峰在一次电视台春节联欢晚会上发表了一段精彩的即兴演说，其中幽默的自我介绍堪称经典：

在下凌峰！这两年，我走了一道大江南北，男观众对我的印象特别好，因为他们见到我有点优越感，本人的长相对他们没有构成威胁，他们很放心，（大笑）他们认为本人长得很中国，（笑声）中国五千年的沧桑和苦难都写在我的脸上了。（笑声、掌声）一般说来，女观众对我的印象不太良好，有的女观众对我的长相已经到了忍无可忍的地步。（笑声）她们认为我是人比黄花瘦，脸比煤球黑。（笑声）但是我要特别声明，这不是本人的过错，实在是父母的错误，当初并没有征得我的同意就把我生成这个样子。（笑声、掌声）但是，时代在变，潮流在变，现在的男人基本上可以分为三种：第一种，你看上去很漂亮，看久了也就那么一回事，这一种就像我的好朋友刘文正这种；第二种你看上去很难看，看久了以后是越看越难看，这种就像我的好朋友陈佩斯这种；（笑声）第三种，你看上去很难看，看久了以后你会发现，他有另一种男人的味道，这种就是在下了。（笑声、掌声）鼓掌的都表示同意了！鼓掌的都是一些长得和我差不多的，（笑声）真是物以类聚啊！（笑声、掌声）

2. 用幽默的语言来结束演说

（1）造势

我国著名作家老舍先生是好幽默的。他在某市的一次演说中，开头即说“我今天给大家谈六个问题”，接着，他第一，第二，第三，第四，第五，井井有条地谈下去。谈完第五个问题，他发现离散会的时间不多了，于是他提高嗓门，一本正经地说：“第六，散会。”听众起初一愣，不久就响起热烈的掌声。

老舍在这里运用的就是一种“平地起波澜”的造势术，打破了正常的演说内容，从而出乎听众的意料，收到了幽默的效果。

（2）省略

全国写作协会在深圳罗湖区举行年会。开幕式上，省、市各级有关领导逐一发言祝贺。到罗湖区党委书记发言时，开幕式已进行了很长时间。于是他这样说：“首先，我代表罗湖区委和区政府，对各位专家学者表示热烈的欢迎。”掌声过后，稍微停顿，他又响亮地说：“最后，我预祝大会圆满成功。我的话完了。”他以迅雷不及掩耳之势结束了演说。

听众开始也是一愣，随后即爆发出热烈的掌声。因为，从“首先”一下子跳到“最后”，中间省去了“第二、第三、第四”这样的讲话，如天外来石，出人预料，达到了石破天惊的幽默效果，确实是风格独具，别出心裁。

（3）概括

某大学中文系一次毕业生茶话会，首先是系党总支书记讲话，三分钟的即兴讲话主要是向毕业生表示祝贺。然后是彭教授讲话，主题是希望同学们继续努力学习，还引用了列宁的名言。第三个讲话的潘教授朗诵了高尔基的《海燕》片段，以此勉励毕业生们学习海燕的精神。第四个讲话的系副主任希望同学们永远记住母校和老师们。紧接着，毕业生们请王教授讲话。在毫无准备而又难以推辞的情况下，王教授站起来，先简单地回顾了数年来与同学们交往的几个难忘片段，最后一字一顿地说："前面几位给大家提出了殷切的希望，可我还是喜欢说他们说过的话。（笑声）第一，我要祝同学们顺利毕业！（笑声）第二，我希望同学们'学习、学习，再学习'。（笑声）第三，我希望同学们像海燕一样勇敢地搏击生活的风浪。（笑声、掌声）第四，我希望同学们不要忘记母校，不要忘记辛勤培育你们的老师们！"

王教授通过对前面四个人的演说主题的简练概括，旧瓶装新酒，不落窠臼，结束了一次机智、风趣且具有个性特点的演说。

3. 借助道具产生幽默效果结束演说

（1）对比

鲁迅先生在结束在上海中华艺术大学的演说时说："以上是我近年来对于美术界观察所得几点意见。今天我带来一幅中国五千年文化的结晶，请大家欣赏欣赏。"说着，他一手伸进长袍，把一卷纸慢慢从衣襟上方伸出，打开一看，原来是一幅病态丑陋的月份牌，顿时全场大笑。

鲁迅先生借助恰到好处的道具表演，与结束语形成鲜明的对比，极具幽默。不仅使演说在欢快的气氛中结束，而且使听众在笑声中进一步品味先生演说的深意。

（2）双关

在延安的一次演说会上，当演说快结束时，毛泽东主席掏出一盒香烟，用手指在里面慢慢地摸，但掏了半天也不见掏出一支烟来，显然是抽光了。有关人员十分着急，因为毛主席烟瘾很大，于是有人立即动身去取烟。毛主席一边讲，一边继续摸着烟盒，好一会儿，他笑嘻嘻地掏出仅剩的一支烟，夹在手指上举起来，对着大家说："最后一条！"

这个"最后一条"意味着毛主席说的是最后一个问题，又是最后一支烟。一语双关，妙趣横生，全场大笑，听众们的疲劳和倦意也在笑声中一扫而光。

4. 借助幽默的动作结束演说

借助幽默的动作来结束演说，这样的例子虽很少见，但不乏珠玑。

美国诗人、文艺评论家詹姆斯·罗威尔1883年担任驻英大使时，在伦敦举行的一次晚宴上进行了一场名为《餐后演说》的即兴演说。最后他说："我在很小的时候听人讲过一个故事，讲的是美国一个卫理公会的牧师。他在一个野营的布道会上布道，讲了约书亚的故事。他是这样开头的：'信徒们，太阳的运行方式有三种，第一种是向前或者说是径直的运动；第二种是后退或者说是向后的运动；第三种即在我们的经文中提到的——静止不动。'（笑声）先生们，不知你们是否明白这个故事的寓意，希望你们明白了。今晚的餐后演说者首先是走径直的方向（起身离座，做示范）——即太阳向前的运动。然后他又返回，开始重复自己——即太阳向后的运动。最后，凭着良好的方向感，将自己带到终点。这就是我们刚才说过的太阳静止的运动。"（在欢笑声中，罗威尔重入座）

这种紧扣话题的传神动作表演，惟妙惟肖，天衣无缝，怎能不赢得现场听众的热烈掌声和欢笑声！

演说的幽默式结尾方法是不胜枚举的。关键是演说者要具有幽默感，并能在演说中恰如其分地把握住演说的气氛和听众的心态，才能使演说结束语收到“余音绕梁，三日不绝”的轰动效应。

总结：展现舞台魅力的几大要素

1. 声音技巧：停顿、语音语调与抑扬顿挫、重音；
2. 姿态技巧：肢体语言、手势、面部表情、激情与状态；
3. 修辞手法：比喻、排比、幽默等修辞手法的运用；
4. 投入与催眠：演说者只有先燃烧自己，才能点燃听众。

案例：

致那些让我快乐的朋友

张丰毅

我是一个没有幽默感的人，但是我经常碰见有幽默感的事和有幽默感的朋友。

比如说张铁林，2001 年的时候有一天他给我打电话，“丰毅，今晚上放我的一个电视剧，你好好看看。”我说：“叫什么名字？”他说：“吕不韦，你好好看看。”晚上我跟刘威一个剧组，“刘威帮个忙。”“怎么了？”“你把我绑在这上面，看张铁林的电视剧。”刘威很默契，他说哦，就把我捆了个结实，那电视剧我才看了十分钟就坐不住了，幸亏是把我绑在那儿，要不然我早就跑了，绑在那儿，它还有第二集呢，我就在那儿忍受着，非常非常的生气，因为我上了张铁林的当了。后来等到放完了，马上拿电话就给张铁林打电话，张铁林说，“看完了，很有感受吧？”“什么感受，我问你，除了瞪眼睛，你还会干什么?”大家都知道他演《还珠格格》,动不动眼睛一瞪“小燕子”,演吕不韦也是这样,结果我问他,他的回答出人意料,“哈哈,那是我拍《还珠格格》时养的毛病。”我生气他不生气,我就更生气了,“你知道是毛病你怎么不改?”“已经改了许多了,要不然你就更看不下去了。”

我有个电影界的朋友叫石兆祺,有一次我、石兆祺、尤勇,我们几个人去欧洲旅游,他一句英文都不会,到哪儿买东西什么的全是我们帮他砍价,等我们最后第二十天又到了奥地利,那天正是傍晚,快到宾馆的时候霓虹灯就亮了——Hotel(酒店),结果他终于说话了,敢情我们这一路住的全是连锁店。我和尤勇就问他怎么讲,他说了都是H打头的。结果我们就哈哈大笑,他就很郁闷,他郁闷他不是怕别的,他说你们要回去肯定要跟我胡说八道的。回来之后半年多他没给我打电话,我打电话他也不接,我觉得他很奇怪,2005年他突然有一天给我打电话,“我先问你我的英语怎么样?”我很不好回答,我说:“石兆祺,实话实说你的英语不怎么样,你忘了你到欧洲天天拽着我的衣服,拽着我的衣襟。”他说:“那26个字母我总会吧?”我说:“26个字母还真可能,对呀,你忘了你还说了个H呢。”结果他更生气,终于爆发了:“对呀,我说的是H,你为什么告诉别人说我说的是HE?”

我是一个没有幽默感的人,但是我的朋友全是有幽默感的,我感谢上苍把他们派到我的周围来,我珍惜他们,珍惜生活,也希望大家珍惜你们身边给你们带来快乐的人。

《走向共和》中孙中山最后的演说

我知道,你们很着急。张勋复辟了,国会又开不成了,我知道。

我啊，我急的不是这个，这些日子我想得很多，我们本来是共和国，可怎么一次又一次地出现了封建主义专制主义的东西，这个问题不解决，专制复辟就是必然的。共和国就永远是一个泡影。

共和的观念，是平等、自由、博爱嘛。可民国六年来，我们看到的是什么？各级行政官员都视法律为粪土，民众，仍被奴役着。

民国应该是自由之国！自由是民众天赋的权利！可民国六年来，我们看到的是什么？是只有当权者的自由，权力大的有权力大的自由，权力小的有权力小的自由。民众，没有权利，没有自由。

民国应该是博爱之国！人人为我，我为人人！可民国六年来，我们又看到的是什么？是只有民众对当权者恐惧的爱，而当权者对民众，只有口头上虚伪的爱。那种真诚真挚的博爱，我们看不到啊。

民国更应该是法制之国！可民国六年来，我们看到的是行政权力一次又一次地肆无忌惮地干涉立法：你不听话，我就收买你；你不服从，我就逮捕你，甚至暗杀你。立法者成了行政官员随意蹂躏的妓女！

那行政是什么呢？行政应该说是大总统及其一整套文官制度。应该是服务于国民，行共和之政。可民国六年来，我们看到的是什么？是一个打着共和旗帜的家天下，在这个家天下的行政中，我们根本看不到透明的行政程序，更看不到监督之制。那些行政官员，是如何花掉民众的血汗钱，民众不知道，那些行政官员把多少钱揣进了自己的腰包，你们不知道吧，我也不知道。

你们都知道司法是裁判吧，这个裁判的原则是什么？是一部主权在民的共和国宪法。可民国六年来，我们根本没有看到这么一部宪法嘛！就那部不成熟的《临时约法》，也一次又一次地被“强奸”。

有人说，不不不，不是一个人，是有一些人说，共和他只是一个称号而已，你孙大炮说的这些太虚幻、太遥远，不符合国情，它就像一个气球，啊，看着很美丽，可一飞上天啊，就破灭了，我想请问你，难道我们不要共和了吗？难道共和真错了吗？如果不要共和，我们有的就永远是专制，如果我们不要共和，那我们有的就永远是被奴役。如果共和是错的，那自由就是错的，如果共和是错的，那平等就是错的，如果共和是错的，那博爱就是错的吗？我们追求的共和没有错，当然它还不完善，所以我们要一点一滴地去完善它，哪怕为此要付出代价呢！

哦！对了，我今天穿的这身衣服有点古怪是吧，连裁缝都说是很奇怪的。但是我要说这是，这是为了完善共和，你们还觉得奇怪是吗？我要说，这就是共和，这就是共和的衣服。这边，我设计了三颗扣子，共和的理念，就是平等、自由、博爱。这边也有三颗扣子：民族、民权、民生。

那宪法呢？我说的不是三权宪法。我发明了个新词，叫五权宪法。这里装的是立法权，这儿装的是行政权，这儿装的是司法权，这三权你们都很熟悉，叫间接民权。

我情有独钟的是直接民权。要让普通的民众都有直接参政议政的权力！一个是考试权，我们中国古代就有考试的传统，后来把科举废除了，当然这对后来大兴新学有好处，可当官就不再考试了，这不好，这就像倒脏水把孩子也倒出去一样。民国六年来，在行政上用的是什么人？都是袁世凯在北洋的人，至今还如此。所以我们要把考试权还给民众。今后，凡行政用人，一定要经过考试，不管是谁！

还有一个是弹劾权。没地方装了，不急，不急，装在这儿，弹劾权！为什么要把弹劾权藏在里面呢？因为它是民众的撒手锏，它说不定什么时候就突然杀出来，弹劾你。所以你要战战兢兢地当官，老老实实地为民做事，我想这回有人，更要说我孙文是个疯子，吃饭穿衣都说共和，你孙大炮还会什么？他说得对。我只知道共和这两个字，我这一辈子就认这两个字——共和。

我们有许多志士同仁，为了共和连生命都献出了，我孙文此生，只有一个希望，那就是：让共和不仅是一个名词，一句空话，或一个形式，要让它成为我们实实在在的生活方式，让它成为我们牢不可破的信念。

共和是普天之下民众的选择，是世界的潮流，世界潮流浩浩荡荡，顺之者昌，逆之者亡。我孙文相信，中华民族一定会实现共和的，我坚信这一点！

我有一个梦想

马丁·路德·金

今天，我高兴地同大家一起，参加这次将成为我国历史上为了争取自由而举行的最伟大的示威集会。

100 年前，一位伟大的美国人——今天我们就站在他象征性的身影下——签署了《解放宣言》。这项重要法令的颁布，对于千百万灼烤于非正义残焰中的黑奴，犹如带来希望之光的硕大灯塔，恰似结束漫漫长夜禁锢的欢畅黎明。

然而，100 年后，黑人依然没有获得自由。100 年后，黑人依然悲惨地蹒跚于种族隔离和种族歧视的枷锁之下。100 年后，黑人依然生活在物质繁荣翰海的贫困孤岛上。100 年后，黑人依然在美国社会中间向隅而泣，依然感到自己在国土家园中流离漂泊。所以，我们今天来到这里，要把这骇人听闻的情况公之于众。

从某种意义上说，我们来到国家的首都是为了兑现一张支票。我

们共和国的缔造者在拟写宪法和独立宣言的辉煌篇章时，就签署了一张每一个美国人都能继承的期票。这张期票向所有人承诺——不论白人还是黑人——都享有不可让渡的生存权、自由权和追求幸福权。

然而，今天美国显然对她的有色公民拖欠着这张期票。美国没有承兑这笔神圣的债务，而是开始给黑人一张空头支票——一张盖着“资金不足”的印戳被退回的支票。但是，我们决不相信正义的银行会破产。我们决不相信这个国家巨大的机会宝库会资金不足。

因此，我们来兑现这张支票。这张支票将给我们以宝贵的自由和正义的保障。

我们来到这块圣地还为了提醒美国：现在正是万分紧急的时刻。现在不是从容不迫悠然行事或服用渐进主义镇静剂的时候。现在是实现民主诺言的时候。现在是走出幽暗荒凉的种族隔离深谷，踏上种族平等的阳关大道的时候。现在是使我们国家走出种族不平等的流沙，踏上充满手足之情的磐石的时候。现在是使上帝所有孩子真正享有公正的时候。

忽视这一时刻的紧迫性，对于国家将会是致命的。自由平等的朗朗秋日不到来，黑人顺情合理哀怨的酷暑就不会过去。1963 年不是一个结束，而是一个开端。

如果国家依然我行我素，那些希望黑人只需出出气就会心满意足的人将大失所望。在黑人得到公民权之前，美国既不会安宁，也不会平静。反抗的旋风将继续震撼我们国家的基石，直至光辉灿烂的正义之日来临。

但是，对于站在通向正义之宫艰险门槛上的人们，有一些话我必须要说。在我们争取合法地位的过程中，切不要错误行事导致犯罪。我们切不要吞饮仇恨辛酸的苦酒，来解除对于自由的饮渴。

我们应该永远得体地、纪律严明地进行斗争。我们不能容许我们富有创造性的抗议沦为暴力行动。我们应该不断升华到用灵魂力量对付肉体力量的崇高境界。

席卷黑人社会的新的奇迹般的战斗精神，不应导致我们对所有白人的不信任——因为许多白人兄弟已经认识到：他们的命运同我们的命运紧密相连，他们的自由同我们的自由休戚相关。他们今天来到这里参加集会就是明证。

我们不能单独行动。当我们行动时，我们必须保证勇往直前。我们不能后退。有人问热心民权运动的人："你们什么时候会感到满意?"只要黑人依然是不堪形容的警察暴行恐怖的牺牲品，我们就决不会满意。只要我们在旅途劳顿后，却被公路旁汽车游客旅社和城市旅馆拒之门外，我们就决不会满意。只要黑人的基本活动范围只限于从狭小的黑人居住区到较大的黑人居住区，我们就决不会满意。只要我们的孩子被"仅供白人"的牌子剥夺个性，损毁尊严，我们就决不会满意。只要密西西比州的黑人不能参加选举，纽约州的黑人认为他们与选举毫不相干，我们就决不会满意。不，不，我们不会满意，直至公正似水奔流，正义如泉喷涌。

我并非没有注意到你们有些人历尽艰难困苦来到这里。你们有些人刚刚走出狭小的牢房。有些人来自因追求自由而遭受迫害风暴袭击和警察暴虐狂飙摧残的地区。你们饱经风霜，历尽苦难。继续努力吧，要相信无辜受苦终得拯救。

回到密西西比去吧！回到亚拉巴马去吧！回到南卡罗来纳去吧！回到佐治亚去吧！回到路易斯安那去吧！回到我们北方城市中的贫民窟和黑人居住区去吧！要知道，这种情况能够而且将会改变。我们切不要在绝望的深渊里沉沦。

朋友们，今天我要对你们说，尽管眼下困难重重，但我依然怀有一个梦。这个梦深深植根于美国梦之中。

我梦想有一天，这个国家将会奋起，实现其立国信条的真谛：我们认为这些真理不言而喻，人人生而平等。

我梦想有一天，在佐治亚州的红色山岗上，昔日奴隶的儿子能够同昔日奴隶主的儿子同席而坐，亲如手足。

我梦想有一天，甚至连密西西比州——一个非正义和压迫的热浪逼人的荒漠之州，也会改造成为自由和公正的青青绿洲。

我梦想有一天，我的四个小女儿将生活在一个不是以皮肤的颜色，而是以品格的优劣作为评判标准的国家里。

我今天怀有一个梦。

我梦想有一天，亚拉巴马州会有所改变——尽管该州州长现在仍滔滔不绝地说什么要对联邦法令提出异议和拒绝执行——在那里，黑人儿童能够和白人儿童兄弟姐妹般地携手并行。

我今天怀有一个梦。

我梦想有一天，深谷弥合，高山夷平，歧路化坦途，曲径成通衢，上帝的光华再现，普天下生灵共谒。

这是我们的希望。这是我将带回南方去的信念。有了这个信念，我们就能从绝望之山开采出希望之石。有了这个信念，我们就能把这个国家的嘈杂刺耳的争吵声，变为充满手足之情的悦耳交响曲。有了这个信念，我们就能一同工作，一同祈祷，一同斗争，一同入狱，一同维护自由，因为我们知道，我们终有一天会获得自由。

到了这一天，上帝的所有孩子都能以新的含义高唱这首歌：

我的祖国，可爱的自由之邦，我为您歌唱。这是我祖先终老的地方，这是早期移民自豪的地方，让自由之声，响彻每一座山岗。

如果美国要成为伟大的国家，这一点必须实现。因此，让自由之声响彻新罕布什尔州的巍峨高峰！

让自由之声响彻纽约州的崇山峻岭！

让自由之声响彻宾夕法尼亚州的阿勒格尼高峰！

让自由之声响彻科罗拉多州冰雪皑皑的落基山！

让自由之声响彻加利福尼亚州的婀娜群峰！

不，不仅如此；让自由之声响彻佐治亚州的石山！

让自由之声响彻田纳西州的望山！

让自由之声响彻密西西比州的一座座山峰，一个个土丘！

让自由之声响彻每一个山岗！

当我们让自由之声轰响，当我们让自由之声响彻每一个大村小庄，每一个州府城镇，我们就能加速这一天的到来。那时，上帝的所有孩子，黑人和白人，犹太教徒和非犹太教徒，耶稣教徒和天主教徒，将能携手同唱那首古老的黑人灵歌：“终于自由了！终于自由了！感谢全能的上帝，我们终于自由了！”

第六式

魅力导演式：胸有成竹，完整布局

——三种不同类型演说技巧及演说公式

一个好的演说者要如导演一样，根据所演说的类别不同，在整个演说的设计上采用不同的策略。因此，根据演说的不同目的，我们把演说分为三种主要类别。

演说类型主要有以下三种招式：

（1）告知型演说：与他人分享信息、概念、知识与观点，增强听众对这些信息、概念、知识与观点的认识与了解，如老师授课。

（2）说服型演说：改变或加强他人的态度、信仰、价值观或行为的演说，如激励、销售演说等。

（3）特殊场合演说：在一些特殊场合如庆祝、纪念、仪式或娱乐场合的演说。

这三种不同的演说类型既有区别，也有融合，特别是说服型演说中常常需要先有告知型演说，而在一些特殊场合的演说中有时也要起到告知或说服的目的。

不管是整个演说，还是某一类型或综合各种类型，在做具体部分的演说类别时，所需要的内容组织模式与演说的技巧上还是有很大的差别的。

第一招 告知型演说

告知型演说的主要目的是传递信息，演说者起到一个类似老师的角色。告知型演说主要有以下几个主题，见表3。

表3 告知型演说的主题、目标及范例

主题	目标	范例
实物	提供有关有形物质的信息	例如介绍手机、投影仪、电脑
程序	回忆一件事物是如何工作的或描述一个过程	例如讲解如何运用翻页笔、如何打领带、如何入会退会
人	描述著名人物或熟人	例如介绍毛泽东主席、马云
事件	描述一个已发生或即将发生的事件	例如讲解十八届三中全会、周年庆
观点	展现抽象的信息或讨论原理、概念、理论或议题	例如讲解着装技巧、办公室装修、沟通、成功

告知型演说典型的组织模式：

（1）主题型模式

如果中心思想可以自然分类，就可按主题组织演说内容。分类时考虑：

首位性：最重要或最有说服力的放在开始；

近因性：把最想让听众记住的放在最后；

复杂性：从简单到复杂的方式组织主要观点。

（2）时间顺序模式

按事情发生发展的顺序来组织演说内容。

（3）空间转换型模式

按讲解对象的空间顺序及转换组织演说内容。

（4）因果关系型模式

先提原因再提会导致的结果，或者先提结果再讲述导致结果的原因。“因果模式”强调结果，“果因模式”强调原因。

（5）问题—解决方案型模式

先提问题，再根据问题讲解解决方案。

表4　告知型演说的主题及相配套的演说组织模式

主题	主题范例	典型的组织模式
实物	例如介绍手机、投影仪、电脑	主题型模式/空间转换型模式/时间顺序模式
程序	例如讲解如何运用翻页笔、如何打领带、如何入会和退会	时间顺序型模式/主题型模式/从简单到复杂
人	例如介绍毛泽东主席、马云	时间顺序型模式/主题型模式
事件	例如讲解十八届三中全会、周年庆	时间顺序模式/主题型模式/空间转换型模式
观点	例如讲解着装技巧、办公室装修、沟通、成功	主题型模式/从简单到复杂

演说要做到言之有序中的“序”，就是内容要有清晰的组织模式。但是，在大的主题模式下的小主题也可以采用另一种模式来组织内容。比如介绍公司，可以从公司的发展、产品、办公条件与生产设备、文化、发展愿景等主题型模式来组织，在公司的发展这个小主题下就可以采用按时间顺序的模式来介绍，公司的办公条件与生产设备可以采用空间转换的模式来介绍。

例一：

华企产业联盟简介
（按主题型模式组织）

联盟中文名称：华企产业联盟，简称“华企会”，英文名称：The Industrial Union of Chinese Enterprise（IUCE）。

华企产业联盟（以下简称“联盟”）是由企业家、商协会领导人以及各行业专家学者、社会各界知名人士自愿组成的国际性、综合性、跨经济成分、跨系统、跨行业、跨隶属关系的自律性法人团体。

联盟致力于整合全球资源，服务华人企业，筑建全球最佳的华人企业家联盟，服务于全球华人企业家的交流与合作，实现华人企业家和企业家互助联合、和谐共赢。本联盟秉承“资源整合赢天下”的宗旨，以“学习、分享、互助、共进”为理念，以活动为载体，以交流为内容，以积分管理为工具，以合作发展为目标，为会员提供一个学习、交流、整合的服务平台，借此平台，传递成功经验，总结经验教训，谋求资源整合和共同发展。

联盟遵守中华人民共和国宪法、法律、法规和国家政策，遵守社会道德风尚，贯彻执行国家有关方针政策，倡导健康、向上的生活和社交方式，积极弘扬新时代企业家精神。为会员提供一种分享知识、生活、事业、友谊等更有益的社交方式，提高各会员的身心素质及促进事业发展。

例二：

泉州市开元寺简介
（按时间顺序模式与空间转换模式来组织）

开元寺位于泉州市鲤城区西街，是中国东南沿海重要的文物古迹，也是福建省内规模最大的佛教寺院。该寺创建于唐初垂拱二年（686 年），初名莲花道场，武周天授三年（692 年）为兴教寺，唐神龙元年（705 年）改额龙兴，开元二十六年（738 年）更名开元寺。宋代有支院百余所，元世祖至元二十二年（1285 年）并为大开元万寿禅寺。元末寺焚毁，明洪武年间重建。现存主要庙宇系明、清两代修建，占地面积 78000 平方米。中轴线自南而北依次有：紫云屏、山门（天王殿）、拜亭、大雄宝殿、甘露戒坛、藏经阁。东翼有檀越祠、准提禅院；西翼有功德堂、水陆寺；大雄宝殿前拜亭的东、西两侧分置镇国塔、仁寿塔两石塔，俗称东西塔。

例三：

投影仪使用方法
（按使用步骤的顺序模式）

（1）第一次接触到投影仪先要知道电源开关在哪里；

（2）连电源线；

（3）把投影仪连接到电脑；

（4）连接线接入电脑，再把连接线上两个小螺钉旋紧；

（5）先打开投影仪开关，再打开电脑。一般来说，投影仪就可以用了；

（6）也会遇到投影仪无法连接电脑的情况，就是没有把屏幕内容切换过去。这时候，键盘上按下 Fn + F8（有些电脑是 F5，以按键上的显示器图标为准）就可以了，可以多切换几次；

（7）屏幕内容投影到投影布之后，要进行投影的位置和大小的矫正；

（8）投影的位置要靠下面的两个螺钉旋钮进行调整。调整的时候以图像适合投影布为准；

（9）由于投影仪放置位置的关系，我们还需要对投影的图像进行对焦。对焦如果还不能达到效果也可以考虑移动一下投影的位置。

组织好告知型演说的内容之后，在演说的过程中要做到以下三个点：

第一，容易理解。让听众很容易就能听懂。

第二，能保持兴趣。让听众有继续听下去的兴趣，而不是听得想睡觉或离场。

第三，能记住。让听众听完后能记住演说者所传递的核心信息。

根据上面的三个点，我们可以采用以下策略：

1. 增强听众理解力的策略

策略一：清晰地演说

（1）站在听众的角度来讲，而不要站在演说者自己的角度讲。很多告知型的演说者因为是某一方面的专家，在演说过程中使用太多的专业术语，丝毫没有考虑听众的水平。一个好的告知型演说者一定要根据事前了解的听众水平，用平实的、听众能理解的语言，从听众的角度来讲述。

（2）不要在短时间内提供过多的信息。一个人的短期记忆力是有限的，在一场演说中能最后记住的往往就几句话，几个要点。因此演说者在一场演说中不要提供过多的信息，否则会引起听众思维的混乱，记不住该记住的内容。

策略二：使用成人学习原则与技巧

成人学习的目的性相对较强，人们也总是对自己比较感兴趣，如果演说者讲的内容能与听众息息相关，则听众也更能理解。

（1）提供听众可以立即使用的信息；

（2）使听众积极参与学习过程，多互动；

（3）将所学的信息同听众的生活经历联系起来；

（4）使新信息与听众的需求和忙碌的生活相关联；

（5）帮助听众解决问题。

策略三：在解释陌生的观点或复杂的程序时可以采用下面的方法

（1）使用类比；

（2）使用生动描述；

（3）使用感性的文件图片。

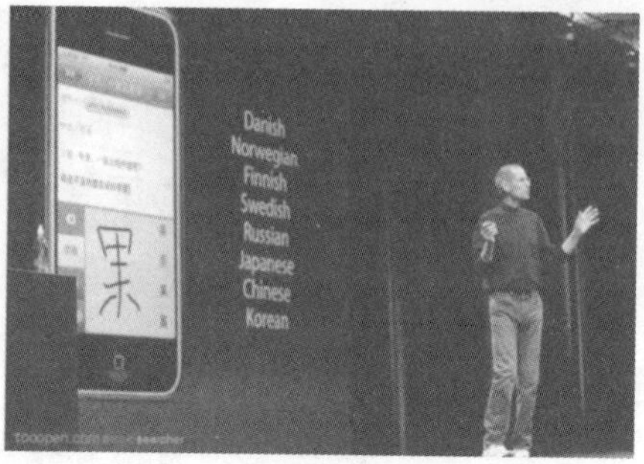

策略四：适应不同的学习风格

不同的人有不同的学习风格，比如听觉型听众比较喜欢听讲解，视觉语言型听众比较喜欢看资料，视觉型学员听众比较喜欢看视频，动觉型听众比较喜欢互动参与。为适应不同学习风格的听众，可以在演说的过程中把各种技巧结合起来，既有讲解的，也附参考资料及演说文档，既有视频又有互动参与。

2. 保持听众兴趣的策略

（1）演说过程中的肢体语言与声音要有变化；

（2）鼓励听众倾听：在开头时就告诉他们应该倾听的理由以及这个演说能给听众带来什么好处；

（3）讲精彩的故事：有行动，有悬念，有幽默，有冲突；

（4）提供与听众相关的有帮助的信息；

（5）演说过程中使用一些互动问答技巧，请听众参与进来；

（6）使用意外，让听众感到惊讶。

3. 加深听众记忆的策略

（1）适当重复：开头、小结、结尾、一二三原理；

（2）保持重要观点简短；

（3）调整好信息流的速度，让听众有时间消化；

（4）通过语言及非语言方式来强化重要观点。

小结

以听众为中心的告知型演说组织方法：

（1）选择主题：思考听众是谁以及他们的兴趣；

（2）确定主题：查明听众已有的知识；

（3）明确目标：说出哪些具体行动能够表示听众已经知道；

（4）制定中心思想和主要观点：保持简短；

（5）收集支持材料：判断哪些材料有助于听众保持兴趣和学习；

（6）组织：使主题和听众的需求相吻合，做好时间分配；

（7）排练：获取抽样听众的反馈；

（8）表达：应对听众的焦虑。

技能训练与常用公式

常见的告知型演说有两大类：

第一类：授课及分享类：大家可以在网上找一些优秀的老师的课程，如曾仕强老师、易中天老师、林伟贤老师、易发久老师的一些告知型演说，通过观看视频学习他们使用的一些技巧。

第二类：介绍及推介类：如自我介绍、介绍嘉宾、介绍公司及推介项目，可以参考本篇中的自我介绍公式，使用本章所说的技巧综合运用。

在这里，重点给大家分享一下自我介绍的一些技巧。因为自我介绍不仅在我们的生活当中经常都需要用到，而且作为一个演说高手或者口才高手，就更需要准备一套标准的自我介绍随时备用。

1. 自我介绍的意义及基本要求

（1）自我介绍是向别人展示自己的一个重要手段，自我介绍的好坏直接关系到给别人的第一印象的好坏及以后交往的顺利与否。在演说中，自我介绍虽然在演讲中所占时间很短，但是发挥着重大的作用，一个精彩的自我介绍可以迅速给听众留下良好的印象，很容易架起和听众交流的桥梁。

（2）自我介绍不仅仅是展示自己的手段，同时，也是认识自我的手段。古人云："知人者智，知己者明"，常言道："当局者迷，旁观者清"。可见，要想认识自我，给自己一个准确的定位不是一件容易的事情，而通过自我介绍，会对自己进行一个有意识的梳理。

在公众前做自我介绍和在生活中的自我介绍不一样，不能像生活中的自我介绍那么简单，毕竟是站在一个舞台上，既然站上去了，就让大家能多了解点，同时也要把握机会进行自我宣传，就像马云走到哪儿都会讲他的阿里巴巴，牛根生走到哪儿都会讲他的蒙牛，俞敏洪走到哪儿都会讲他的新东方一样，我们要学会不断去宣传自己，让更多人知道你，并对你留下深刻印象。

一般来说，好的自我介绍至少应该包含以下五要素：

- 姓什么？
- 叫什么？
- 什么字？
- 何意义？
- 祝福语。

自我介绍最重要的是让别人记住你的名字。我看到过很多人上台做自我介绍时，讲了很多，当他讲完后正要下台时，台下的人就急了，问道："朋友，你还没讲你叫什么名字呢！"公众前若只有短短的30秒钟时间，就不要去讲太多的兴趣爱好（如果时间是三分钟，就可讲兴趣爱好），30秒里只有一个目的，让别人记住你的名字就行了。

2. 自我介绍的几种方法

第一种：简单型

常用公式：

①问好；

②感谢；

③介绍姓名；

④来自什么地方或从事什么工作；

⑤祝愿；

举例：亲爱的朋友们，大家下午好！我叫张文魁，弓长张，文武双全的文，一举夺魁的魁，来自思贤教育，今天很高兴能在这里认识这么多优秀的朋友，祝福在座的每一位朋友，从认识文魁这一刻起，家庭更幸福，事业更成功，文武双全，一举夺魁！谢谢！（时间：30 秒左右）

还有个同学在介绍自己时说："我叫吴太育，口天吴，太阳的太，哺育大地的育。我希望像天上的一口太阳哺育大地，希望太育能像天上的太阳一样带给各位朋友阳光灿烂的时光。"

有一个叫王土旦的人，他在很多人面前自我介绍说"我叫王土旦"，大家一定会哈哈大笑，觉得这个名字土气、不合潮流。但如果等大家笑过以后，他继续说："我叫王土旦，王，君王的王，土，土地的土，旦，元旦的旦。就是地平线上一轮红日，土和旦组合起来叫坦。我祝愿在座的各位朋友，在通向胜利彼岸的旅途中能够走得顺当一点，走得平坦一点。谢谢你们，请记住我，我叫王土旦。"

通过这样的介绍以后，大家就会觉得他的名字很神圣。每个人都有自己的名字，自己名字所包含的意义也千变万化，在向别人介绍自己时，对于自己名字的介绍需要一定的技巧，因为，你赋予这个名字什么样的意义，别人就会赋予这个名字同样的意义。

这种介绍常用于日常生活、聚会、活动等，简单的 30 秒就可以让人对你刮目相看。

第二种：塑造型

这个方法用于公众演讲的开场白，有时演说者在做演讲的时候，要明白一个问题，别人为什么要来听演讲，演讲能给听众带来什么。

很多朋友演讲都是一上台就开始讲，讲了10分钟，发现下面都没有人听他讲。所以这第二种自我介绍就尤其重要，要在开场10分钟塑造自己。怎么塑造呢？

塑造你的过去、现在、未来。可以只塑造过去，也可以塑造过去和现在，也可以过去、现在、未来都塑造。塑造的结果要让听众共鸣。同时要告诉大家，你即将给大家带来多少振奋人心的消息和资讯。

具体塑造方法：

要点

（1）一定要介绍姓名及来自哪里；

（2）自我介绍就是写自己的剧本（自己的过去、现在和将来）；

（3）自我介绍必须让听众认同并产生共鸣；

（4）要告诉大家你即将给大家带来多少振奋人心的消息和资讯。

过去：

（1）过去有过哪些不可思议的记录；

（2）过去做过哪些惊天动地的大事；

（3）过去创造过哪些叹为观止的业绩；

（4）不断地回顾过去，并赋予过去价值，讲出来激励更多的人。

现在：

（1）现在正在做一件多么伟大的事情；

（2）现在被多少人（团队、家人、朋友、贵人、名人）在背后支持着；

（3）现在有多少顶尖的人欣赏你、推荐你，并与你合作；

（4）现在有多少Fans。

未来：

（1）有多么远大的梦想；

（2）有多么伟大的人生使命；

（3）未来将缔造多大的历史记录；

（4）将如何去实现你的梦想和目标与使命。

介绍的时候，可以选择过去的某一点，或者现在、未来的某一点，并不是每一个自我介绍都要包含上面的全部。

塑造型公式一：

① 问好　② 姓名　③ 来自哪里

④ 从事职业　⑤ 个人优点　⑥ 人生梦想

⑦ 人生格言　⑧ 对别人的帮助

塑造型公式二：

① 问好　② 讲过去业绩和经历

③ 给大家带来的好处　④ 祝福

第三种：宣传推广型

在还没有开始演讲之前，要考虑如何吸引听众来听演讲，这点很重要。除非演说者本身是非常知名的人物，如比尔·盖茨、奥巴马等，可以不用包装，只需要名字就足够了。但事实上，很多人都很难达到那样的境界，所以在开始时都是需要包装的。所谓“包装”，就是通过文字、图片、视频让别人了解你，从而来听你的演讲。

宣传推广型的自我介绍也有三个要点：

第一，本身的职务或头衔；

第二，过去创造的不可思议的作品和业绩；

第三，未来的梦想或目标。

宣传推广型自我介绍公式：

①头衔　②人物描述　③过去的经历

④过去业绩　⑤作品　⑥目标与使命

3. 自我介绍注意事项：

（1）自我介绍语言要简单精练

许多人自我介绍像是在报户口，在做简历，在填履历表。比如："我叫××，××年出生，曾担任××，爱好××。"这样的介绍着实乏味，更是难以给人留下深刻印象，说完最后一句时，估计大家已经把前面的忘得差不多了。精练的自我介绍，要用精彩的语言展现光彩夺目的自己。比如："我叫刘海燕，一个从小在海边长大的姑娘，我喜欢大海，更喜欢不怕暴风雨勇敢搏击的海燕，我要永远为自己的理想翱翔在大海上空。"

（2）自我介绍要有幽默感

幽默能一下子拉近人与人之间的感情距离。比如一个网友的自我介绍："每个女人都是为爱而折翼的天使，她们来到人间，就再也回不去天堂了，所以需要男人好好地珍惜。我也是天使，不过降落的时候不小心脸先着地了，回不去天堂是因为体重。还好，我还有一颗天使的心，善良、仁爱。"人们在捧腹大笑的同时便不知不觉地把演讲者记在了心中。

（3）自我介绍要口齿清楚

如果说得含混不清，再精彩的语言也起不到任何作用。

（4）自我介绍时要掌握好语速、语调

有人在做自我介绍时，像是在抢时间，嘴里像机关枪一样"突突突"地就说完了，这样的自我介绍不仅不能使听众消化，更容易给人一种不自信、紧张的感觉。还有人语调平淡，像是念课文，这样的方式也不可取。

总而言之，演讲中的自我介绍不可小觑，在演讲前要充分准备，语言要精练更要精彩。

介绍他人也很重要，特别对于主持人来说。在一些演说的场合，经常需要主持人来引出演说者，这时，主持人对演说者的介绍非常重要。好的介绍能一下子树立演说者的权威，而轻描淡写的介绍会让演说者还没有演说就处在一个尴尬的位置。因此，如果是介绍他人，就宜采用塑造型或宣传推广型的，用导演的眼光将他人的经历做一个提炼。同时，经常需要演说者事先准备好一份介绍词，事先交给主持人来做开场的介绍。

以下是我给我们其中一位学员写的一段介绍：

她小时候差点因家庭贫困而辍学，但她用坚持与优异的表现获得奖学金而继续深造，她曾经是公司最优秀的业务员，却因为创业失败，年仅26岁就负债累累，但她用不折不挠的精神，二次创业，不仅还清了所有的债务，还为家人在城市中安家立业。

她是一个真诚而富有激情的女孩，所有认识她的人都说她是一个开心果，因为她总是把欢乐与真诚的笑容带给大家。

她是一个有坚强意志力的女孩，面对任何艰难困苦，她坚信，只要方向是对的，就不怕路远，路艰难。

她是一个有爱心的女孩，她把她毕业10年来的全部心血都奉献给她的家人，不仅帮助小弟完成大学学业，还把两兄弟带上创业的道路，并且把公司留给她的兄弟。

因为梦想，现在，她正走向人生的一个新的旅程，在自驾旅游这个行业中开辟一个新的天地。她的梦想就是为人们创造更美好的生活，希望通过自驾旅游帮助人们找到一种新的生活休闲方式。

她就是泉州唯美优格家具有限公司董事长，泉州市自驾旅游协会执行秘书长，泉州万里行旅游发展有限公司总经理，一个号称丢在沙漠里也能活着走出来的坚强、可爱、执着而富有梦想的涂明丽同学。

第二招　说服型演说

说服型演说就是要改变或加强他人的态度、信仰、价值观或行为的演说，我们常见的如激励演说、动员演说、销售演说等就是说服型演说。

那么说服要改变什么？说服要改变的就是人们的态度、信仰、价值观或行动。

（1）改变或加强听众的行为；

（2）改变或加强听众的态度：对事物做出赞同或反对、喜爱或反感等反应的后天倾向；

（3）改变或加强听众的信仰：一个人对事物真假的认定；

（4）改变或加强听众的价值观：人们对何谓正确的或错识的，好的或坏的的一种固有的观念。

社会心理学家指出，态度的三个构成成分即认知、情感和行为倾向，三者必须保持协调一致，否则会引起一定的心理压力，这种压力促使人们向协调或者平衡的方向做出调整。由于态度与个体观念世界中的价值和信念有着密切关联，因而具有较强的稳定性和持久性，一旦形成，不会轻易发生改变。一般来说，当个体面对态度改变的压力时，其态度的防卫机制会首先发挥作用，使其采取笼统拒绝、贬损来源、歪曲信息等策略来反击外来信息，维护其原有态度。但研究证明，个体已经形成的态度，可以在接受某一信息或者意见的影响或者因行为改变而发生相应变化。根据态度结构诸因素趋于和谐的原则，认知、情感和行为倾向三因素中任一因素的改变都有可能引起其他因素的改变，进而引起态度改变及信念与价值观的改变。这就表明，要改变个体的态度，既可以从认知因素入手，也可以从情感因素入手，还可以从行为入手，或是从其中两种或三种因素同时入手。

根据以上的原理，我们在说服方式上可以借鉴下面两大说服方式：

1. **说服方式一：**亚里士多德的传统方式（从讲者角度分析）

（1）人品诉求；

（2）情感诉求；

（3）理性诉求。

亚里士多德，古代先哲，古希腊人，世界古代史上伟大的哲学家、科学家和教育家之一，堪称希腊哲学的集大成者。他是柏拉图的学生，亚历山大的老师。

作为一位百科全书式的科学家，他几乎对每个学科都做出了贡献。他的写作涉及伦理学、形而上学、心理学、经济学、神学、政治学、修辞学、自然科学、教育学、诗歌、风俗，以及雅典法律。亚里士多德的著作构建了西方哲学的第一个广泛系统，包含道德、美学、逻辑和科学、政治和玄学。

亚里士多德认为修辞演讲就是对听众的一种说服，让听众形成某种判断，认同、赞成并采纳自己所持的观点或采取某种行动，因而修辞学的目标就是研究如何能够达到最大的劝说效果。亚里士多德在

《修辞学》第一卷第2章和第二卷第18～26章中就如何取得说服的成功做了较为全面系统的阐述。他认为演说取得成功有两种手段，一类是不属于技术范围的或“非人工的”手段（Inartificial Proofs），如证据、证人、法律条文等这些无须演说者提供只需要恰当地加以利用即可的条件，另一类是属于技术范围的或“人工的”手段（Artificial Proofs），即需要演讲者凭借修辞方法达成的说服论证。亚里士多德提出了属于技术范围的三种基本说服方式——人品诉求（Ethos）、情感诉求（Pathos）和理性诉求（Logos）。

人品诉求是指修辞者的道德品质、人格威信，亚里士多德称人品诉求是“最有效的说服手段”，所以演说者必须具备聪慧、美德、善意等能够使听众觉得可信的品质，因为“人格对于说服几乎可以说是起支配作用的因素”（Kennedy 1991：38）。“当演说者的话令人相信的时候，他是凭他的性格来说服人，因为我们在任何事情上一般都更相信好人”（亚里士多德 1991：29）。一位成功的演说家在演说中“除了设法使受众成员进入最有利于说服工作获得成功的感情状态以及向他们‘摆事实，讲道理’之外，还必须展示出一种能赢得他们尊重和信赖，对他们具有感召力的人格，并利用这一人格所具有的威信来影响他们的决定”。人品诉求不仅仅是演说者与听众建立可信性的桥梁，同时也是对雅典人所认为的可信人群品质的研究。

情感诉求是指通过对听众心理的了解来诉诸他们的感情，用言辞去打动听众，即我们通常所说的“动之以情”。它是通过调动听众情感以产生说服效力，或者说是一种“情绪论证”（Pathetic Proofs），主要依靠使听众处于某种心情而产生。演说者通过带有倾向性或暗示性的语句向听众施加某种信仰和情感来激起感情并最终促使他们产生行动，可以说，“对情感诉求的研究是一种对人类情感的心理研究，是对人类发掘、践行真理的道德关注”（Herrick 2005：84）。亚里士多德在《修辞学》中讨论了诸如喜怒哀乐、忧虑、嫉妒、羞愧等人类几乎所有的情感，在他看来，情感不是影响人们做决定的非理性障碍，而是对不同情境和论辩模式的理性回应。“亚里士多德对情感的研究明晰了人类感情与逻辑辩论的关系……使得情感诉求不再是一种排除在理性大门之外的蛊惑人心的妖术（Fortenbaugh 1975：17－18）。”

理性诉求是指言语本身所包括的事据与或然式推理证明，即“逻辑论证”（Logical Proofs），因此，理性诉求既是对理性推论的研究，也是对言语逻辑的研究。亚里士多德将理性诉求分成“修辞三段论”（Rhetorical Syllogism）、“例证法”（Example）和“准则”（Maxim），在第二卷第20～25章中进行了讨论。严格逻辑意义上的三段论是基于必然性而且由大前提、小前提和结论三部分组成，而亚里士多德的修辞三段论叫作“恩梯墨玛”（Enthymema），它的前提是属于人类行动范围内的或然的事，然后根据这种前提得出或然式证明的修辞式推论。“在现代，修辞三段论（Enthymema）已经被认为是省略式三段论（_Truncated Syllogism or Rhetorical Syllogism），即仅包括一个前提和结论，而另一个前提被省略或隐含了”（Corbett 1971：73），但在本质上就是一种演绎论证法，是一种不完整的三段论。修辞三段论用在演说艺术中主要是劝说听众，演讲者只给出大前提，听众在猜测小前提的基础上推断出结论，通过让听众去猜测演说者不直接表明的或故意省略的内容来激发他们的参与意识。

亚里士多德列举的一个经典的修辞三段论的例子是：

人终有一死。（大前提）

苏格拉底也会死。（结论）

而小前提“苏格拉底是人”被省略掉了，但是听众可以猜测出来并补充上。使用这种修辞三段论进行逻辑推理，可以使听众不知不觉地融入演说的推理中，与演说者产生共鸣，从而更加信任演说者，因此结论也更具有说服力。例证法是一种归纳推理法，由个别推向一般，适用于一类情形的前提和结论也同样适用于与其类似的情境。它是用许多类似的具体事例来证明、概括自己的结论，显然，用事实来打动人和说服人是其显著优点。亚里士多德说："有的演说富于例证，有的演说富于修辞式推论……依靠例子的演说的说服力并不差，但依靠修辞式推论的演说更能受到高声喝彩。"（亚里士多德 1991：1356）准则一般为修辞三段论的前提，它是所有人都接受的普遍法则。品格诉求、情感诉求和理性诉求为了达到"说服"的共同目的而通力合作——品格吸引人，情感打动人，理性以理服人。

举例：

如果你想找朋友借车，你可以采用以下三种方式来说服你的朋友：

道德诉求方式："兄弟，你知道我一直是个负责任的人，从来不会做什么出格的事，车借给我一定不会有什么问题。"你试图通过让你的朋友相信你是一个具有良好品德的人来说服他把车借给你。

情感诉求方式："兄弟，如果你不把车借给我，我就没法去机场接我未来的丈母娘，可能会影响我跟我女朋友的关系。我现在需要你的帮助，朋友之间就是要互相帮助，现在正是万分需要兄弟你帮忙的时候。"你试图通过打动你朋友的情感说服他把车借给你。

理性诉求方式："兄弟，上周借了车后毫发无损还了回来，上个月也是如此，而且每次我都加满油，因此，这次把车再借给我，我还是会像上次那样把车加满油后完好无缺地还回来的。"你想通过证据支持自己会把车好好还回来，呼吁你朋友理性的那一面来说服他把车借给你。

2. **说服方式二：**ELM（说服的详尽可能性）模型的现代方式（从听众角度分析）：

（1）使用直接的说服途径：听众对信息进行详尽处理，被逻辑、论证和论据所说服。

（2）使用间接的说服途径：被一种间接或更加边缘的路径所说服，如音乐、演说者热情、长相、故事等。

详尽可能性模型（ELM）是由心理学家理查德·E. 派蒂（Richard E. Petty）和约翰·T. 卡乔鲍（John T. Cacioppo）提出的。

该理论把态度改变归纳为两个基本的途径：中枢的和边缘的。中枢说服途径把态度改变看成是消费者认真考虑和综合信息的结果。边缘说服途径的看法与中枢的相反，认为消费者对客体的态度改变不在于考虑对象本身的特性或证据，而是将该对象同诸多线索联系起来。这线索可能是肯定的，也可能是否定的。

ELM 模型的基本原则是：不同的说服方法依赖于对传播信息做精细加工的可能性高低。当精细加工的可能性是高时，说服的中枢路径特别有效；而当这种可能性是低时，则边缘的路径有效。

两条说服途径的效果有两点重要的区别：中枢途径所引起的态度变化比边缘途径的要持久，中枢途径所形成的态度可能比边缘途径预测后来的行为更好。

例如一位 30 岁的男青年，研究生学历，正在酝酿和相恋多年的女友结婚，当下房子问题被提到了议事日程，所以他就积极搜集有关信息。一天他看到本市报纸楼市版的商品房广告，就仔细研究对比，经过筛选，选中两个楼盘作为自己的重点考察对象。在这个广告信息加工过程中，首先，他工作多年，有一定的积蓄又急等买房结婚，所以房地产广告是他急需的信息，他具有加工信息的动机；此外，他有良好的教育背景，报纸上房地产广告的文字信息对他来说不构成理解

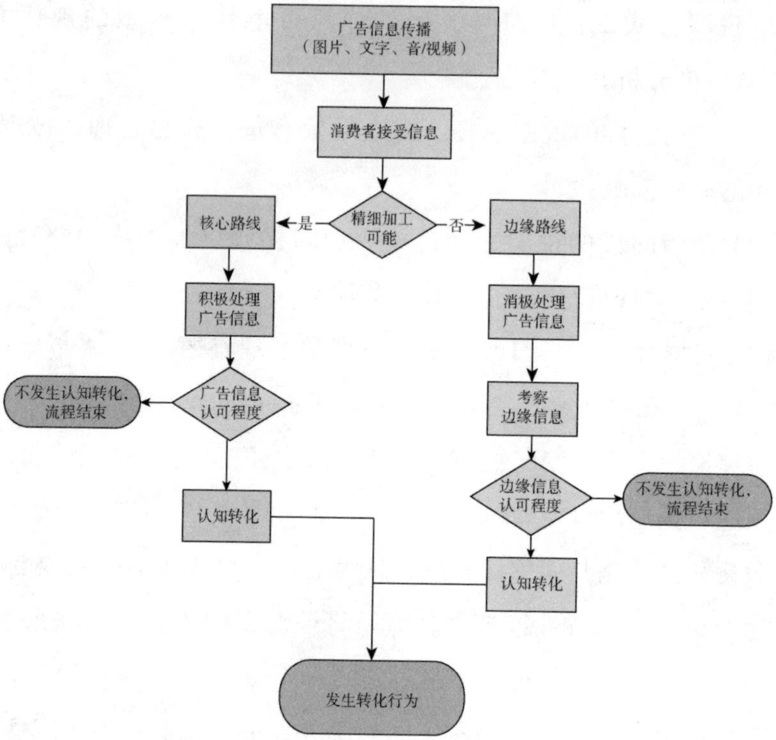

图 10　广告信息加工过程

障碍，他具有加工信息的能力。因此，男青年对房产广告进行了全面、仔细、深思熟虑的分析与加工，选择的显然是中枢途径。又如一个不识字的家庭妇女（缺乏信息加工能力）看到宣传画报上刘嘉玲和她代言的 SK－II 化妆品时会产生这样的心理暗示：这种化妆品档次很高，不是一般人用得起的；一个年收入不超过 3 万元的城市青年（缺乏信息加工动机）对欧米茄的理解可能仅限于它是辛迪·克劳馥所代言的产品，是卓越品质的象征。因此，他们通过代言人提供的边缘线索对 SK－II 和欧米茄的品牌特性有了一定的认识。在这两个广告信息加工过程中，他们显然选择的是边缘途径。

ELM 模型中两个重要因素是听众分析信息的动机和分析信息的能

力。假设听众一旦接收到信息就会开始其加工和消化的过程，在个人情况与信息相关程度的基础上消费者会选择两条劝导路线：

（1）当动机和能力都较高时，听众更可趋向于遵从核心途径；核心途径包括诉诸理性认知的因素——听众进行一系列严肃的尝试，以逻辑的方式来评价新的信息。听众的知识水平较高时往往倾向于理性的选择。

（2）当其中之一较低时，便趋向于遵从外围途径。外围路线通过把产品和对另一个事物的态度联系起来，从而涵括了感情因素。例如，促使新新人类购买其崇拜的青春偶像在广告上推荐的某种饮料的原因，实际上与该饮料的特性毫无关系，起作用的是对偶像的喜爱。这说明人们在对该饮料本身的特性不太了解的情况下，只能通过该信息的外围因素（如产品包装、广告形象吸引力或信息的表达方式）来决定该信息的可信性。

因此，我们在面对一些动机和能力都较高的听众时，宜侧重使用直接的说服途径，而面对一些动机和能力较低的听众时，宜侧重使用间接的说服途径。

综合以上两种说服的模型，在演说过程中，我们可以采用以下的说服策略来进行对听众的说服。

策略一：使用认知失衡

告诉听众存在的问题或和他们持有的信仰或已有知识相矛盾的信息，从而引出他们心理上的不舒服。

例：保险公司给你描绘出事情的策略。

策略二：使用听众的需求

人们会被尚未满足的需求所激励（生理需求、安全需求、社会需求、尊重需求和自我实现需求）。

例：车子广告、房子广告所采用的策略

策略三：使用积极激励

如果人们相信自己做某事的话事情会朝好的方向发展，那么他们更可能改变自己的思想或采取特定的行动。

例：上“演说班”有助于提升业绩。

策略四：使用消极激励

人们努力避免痛苦和不安。如果人们相信自己不这么做事情的话事情会朝坏的方向发展，他们会被激励起来支持演说者的倡议。

例：如果发生台风的话会……所以需要事先做好……准备。

策略五：使用逻辑和证据说服

提供充分的信息，比如可信的具体的事实、案例、意见、统计数字等，用逻辑、论证和论据说服听众。

策略六：使用情感说服

在情感上，充分利用人类的积极情感，如爱情、亲情、希望、自豪、勇气、尊敬、梦想以及人类的消极情感，如恐惧、痛苦等。通过利用提供的场景、语言、动作、视频、音乐、氛围、故事去说服人。

说服策略的十六字方针

诱之以利，胁之以灾。

动之以情，晓之以理。

听众策略

针对不同的听众，演说者也需采用不同的策略。根据听众对你的演说是认同、不确定或反对，我们把听众分为接受型听众、中立型听众及非接受型听众，针对这三种不同的听众，分别可以采用以下三种不同的策略。

听众类型：接受型听众

（1）和听众打成一片；

（2）清楚说明你的目标；

（3）准确告诉听众你想让他们做什么；

（4）请听众立即表示支持；

（5）有效地使用情感诉求；

（6）使听众易于采取行动。

听众类型：中立型听众

（1）演说开头抓住听众注意力；

（2）提及许多听众共有的信仰；

（3）演说主题不仅要关乎听众还要关乎其家人、朋友和亲近的人；

（4）对自己能做什么要实事求是。

听众类型：非接受型听众

（1）不要立即表明你想改变他们的看法；

（2）演说开头先谈共同点，再谈分歧；

（3）不要期望听众的态度会发生重大的转变；

（4）承认听众和你的观点不同；

（5）建立可信度；

（6）增进理解而非宣扬目标。

在面对非接受型听众演说中，有一个案例非常精彩，有很多学习与借鉴的技巧，大家也可以好好学习一下。

《亮剑》片断

背景：李云龙的二师与楚云飞的八十九师在赵庄血战之后，双方伤亡惨重，李云龙到野司找政治部副主任赵刚借俘虏兵以补充兵员，此时的赵刚正在给两千名俘虏兵进行政治教育，他的发言甚为精彩，每次读起来都让人精神振奋。

赵刚：我今天来不是训话的，我是来和大家认识一下，顺便聊聊天。我叫赵刚，论年龄呢，恐怕比诸位大一些，就算是个兄长吧。诸位都是我的兄弟，都不要拘束，有什么话就说，有什么问题就问。

呃，这位兄弟，你是哪个部队的？

俘虏兵：报告长官，我是第五军的。

赵刚：你呢？

俘虏兵：报告长官，我是十八军的。

赵刚：都是好部队啊！

俘虏兵：长官真的这么认为吗？

赵刚：没错！我这么说是有根据的。就说十八军吧，淞沪会战时，和日军王牌部队十一师团在罗店交手，打出了中国军人的威风！六十七师师长李树森将军负重伤，二〇一旅旅长蔡炳炎将军阵亡，部队伤亡过半；可是十八军呢，没有一个部队擅自放弃阵地后退，没有一个士兵临阵脱逃。第五军也是好样的，当年血战昆仑关，和号称钢军的日军第五师团交战 13 天，击毙日军二十一旅团少将旅团长中村正雄。就冲这个，我赵刚佩服！

俘虏兵：长官，你还记得这些！（众多俘虏兵已经涕泪四下）

赵刚：不光我记得，我相信，所有具有爱国心的中国人都会永远记住，你们在抵抗侵略，争取民族独立的战场上所建立的功勋是谁也抹杀不了的。

……事情走到今天这一步，责任不在军队，而在蒋介石的独裁政府。抗战胜利后，各民主党派要求成立联合政府，通过广泛的民主选举，选出执政党共同治理国家，可是蒋介石政府呢，要搞独裁，压制别的党派。在政治上搞法西斯式的统治，把中国变成警察国家，连社会名流的生命安全都得不到保障，闻一多先生和李公朴先生被暗杀，这就是个例子；在经济上呢，蒋介石政府要维护四大家族的利益，民不聊生，通货膨胀，这样一个独裁、腐败、黑暗的政府，难道不应该推翻它吗？古人说，纣无道，起而伐之，庆父不死，鲁难未已。弟兄们，现在到了决定一个民族前途的时候了，每一个有良知的中国人都应该做出自己的选择，我赵刚的选择是要民主，要自由，推翻独裁统治，打倒法西斯独裁政府，建立一个人民当家做主的新中国。……

现在你们家乡都分田了，农民有了自己的土地，就可以过上好日子，给什么都不换；可是老蒋不答应，我们应该怎么办？

俘虏兵群情激愤，踊跃参加解放军。

在这篇演说中，赵刚采用了先认同，降低听众的逆反心理，再找出共识，与听众形成同盟，然后再用利益引导听众做选择的策略。

有一次，我工厂的工人因为工价问题与厂长产生矛盾，结果有部分工人带头闹情绪，导致整个车间工人罢工不上班，后来我通知召开全体员工大会，采用类似的策略做了一个演说。

第一步，通过播放《步步高》这首歌来营造一种积极奋进的气氛。第二步，通过与一些表现积极的员工的互动表明我们的工资水平并不低，达成我们的共识就是要共同创造好的效益。第三步，通过工人的两种不同表现对比来说明部分工人工资低是因为懒散与不专心。第四步，通过分析当下的用工形势，让工人明白罢工对他们的利害关系。第五步，引导工人做出选择。

工人听完我的演说后不仅下午就开工，带头的工人也纷纷主动向厂长道歉。这次的演说也让我再次感受到演说的魅力与功效。

说服型演说的组织原则

（1）如果你觉得听众会反对你的观点，先提出最有力的论证。

（2）不要在演说中间提出关键论证和论据（要放在最前或最后）。

(3) 如果你希望听众采取某些行动，最好在演说结束时告诉他们。

(4) 如果你觉得听众见多识广，知道提议中的缺点，把提议的优缺点都展示出来通常会更好。

(5) 指出反面观点，接着用证据和逻辑进行反驳。

说服型演说的组织模式

模式一：问题—解决方案模式

先分析问题，接着提出解决方案并要求听众行动。

模式二：反驳模式

事先预见听众对你的反对意见，先把反对意见提出，接着处理这些问题。

模式三：因果模式

首先提出问题的原因，接着指出问题对听众有什么影响。或说明一个已知的影响，接着解释是什么原因使然。

模式四：激励序列模式

(1) 注意：抓住听众的注意力。

(2) 需求：引起听众认知失调。

(3) 满足：你的方案如何满足听众。

(4) 前景：实施方案的好处及不实施的坏处。

(5) 行动：告诉听众应采取的行动并提供简单、清晰、易于理解的步骤。

常见的说服型演说有激励团队的演说，吸引人才加入公司或协会的演说，项目推广与招商演说，产品销售演说等。其中，最能体现说服型演说技巧与强大功效的当属销售演说。一个演说家能通过演说把产品销售出去，把钱收回来，需要具备非常好的演说功力。

技能训练与常用公式

吸引顶级人才演说公式：

（1）好处——一开始就告诉听众，他们可能会有什么好处；

（2）介绍——介绍你的改变，你的过去、现在、未来；

（3）改变——为什么很多人没有这样的改变；

（4）价值——你的价值，以及你公司的价值和承担的责任和使命；

（5）愿景——企业未来的远景；

（6）系统——你已经建立了一套行之有效的系统；

（7）承诺——在这样一个组织，未来一定会如何；

（8）决策——做出决策，是否需要加入。

激励团队演说公式：

（1）表扬团队——公开表扬团队的成绩；

（2）激励团队——讲为了达成目标，你做了些什么，经历了哪些磨难；

（3）塑造目标与远景——塑造团队目标与个人未来的美好生活；

（4）设定个人目标——设定团队的个人目标；

（5）我可以帮你做什么——为了达成这个目标，我能帮助你做些什么；

（6）你现在应该做什么——告诉团队成员，他应该做什么；

（7）分组——进行团队分组，并形成竞争，有竞争才有动力。

我们来分析一下销售演说是如何综合运用说服型演说的各种技巧的。

第一，每场成功的销售演说都需要配有相应的音乐。这些音乐或是热烈澎湃激动人心的，用于营造一种热闹，希望与梦想的气氛；或是深情、优美，用于调动听众的情感，引发听众对亲人的关爱，对未来的思考，这里便是采用ELM模式中间接的说服途径，通过音乐这种间接或更加边缘的路径来说服等。

第二，通过现场的服务人员及演说者的自我塑造，打造演说者的光辉形象，树立演说者的权威，让听众对演说者产生一种信任、崇拜的心理。这里便是采用亚里士多德的传统方式中的人品诉求策略。

第三，讲一些感人的故事，采用情感诉求方式，通过这些故事用正反两方面的教导。用负面的故事来引起听众的认知失调，打破听众的舒适区，利用听众逃避恐惧、痛苦的心理特点，让听众感到需要重新找到一个新平衡点的心理压力，再通过一些正面的故事，使用正面激励策略，为听众营造一种美好的、理想的情境，引发听众的购买冲动。

第四，利用场上的互动，让顾客（听众）做案例分享、客户见证等，进一步地强化消极激励与正面的积极激励。再通过产品展示，数据分析等引导听众进行比较分析判断。交互使用ELM（说服的详尽可能性）模型中直接说服途径与间接说服途径。

第五，提供一种简单有效的行动方面，比如举手确认、上台确认，一步步从简单的举手确认和上台确认引导到填表刷卡取货等行为。

第六，利用一些限时限量及礼品，回馈等方法反复地重复以上的策略，持续地引导听众成交。

具体步骤可参考下面的魅力演说成交公式：

1. **建立信赖感**

第一步：拉近距离——说你们是朋友，兄弟姐妹，是你的贵人，是你的良师益友，是你未来的合作伙伴等；

第二步：赞美听众——赞美听众的职业、选择、才华等；

第三步：讲对听众有帮助或听众感兴趣的故事。

2. **催眠（三步催眠）**

第一步：讲两个与主题有关的故事（催眠）；

第二步：唤起听众的需求与渴望；

第三步：给出一点痛苦。

3. **介绍产品（三步介绍产品）**

第一步：介绍产品；

第二步：塑造产品价值；

第三步：产品对比。

4. **介绍价格（三步介绍产品价格）**

第一步：价格对比，定出一个比较高的价格；

第二步：优惠价格（分三次逐步降价）；

第三步：现场订购价格（优惠价格上再优惠一次）。

5. **赠送礼品（包赠送三重超级大礼包）**

第一份大礼……第二份大礼……第三份大礼……

6. **成交（三次成交）**

第一次成交：上台（两次上台）；第二次成交：举手（三次举手）；第三次成交：直接到购物处购买（顽固分子，助教说服）。

所谓“外行看热闹，内行看门道”，知晓了销售演说的这些技巧，一方面，作为演说者来说，当我们做一场销售演说时，需要好好思考如何运用这些技巧。另一方面，我们作为听众，面对一场销售演说时，不仅可以学习一下别人的演说技巧，也能加强自己的免疫力，避免受现场氛围的影响而购买一些我们没有必要采购的产品。

公众演说行销18个要点

（1）选题：掌握听众的需求：知识、智慧、资讯、赚钱、省钱、交到朋友、快乐、放松、合作的机会、对他能不能提高效率；

（2）选产品：产品一定要顾客需要，找到目标客户群；

（3）建立亲和力，增加信赖感，要赞美听众；

（4）问正确的问题，连续地发问；

（5）产品一定要有定价，听众买得起；

（6）产品一定要可量化，最好可以展示；

（7）一定要塑造产品的价值，要让客户觉得物超所值；

（8）对比法则（任何价格只要一对比，就会变得便宜）；

（9）一定要自己首先热爱这个产品；

（10）要给赠品，要交叉销售（把另外一个产品打包进来）；

（11）风险逆转，要无风险承诺；

（12）稀缺法则：限时，限量；

（13）给客户一套无法抗拒的计划；

（14）要有煽动动作，要有激情，用状态感染听众；

（15）热烈的音乐（眉飞色舞——音乐绝对有利于成交）；

（16）成交高于一切（成交只有一个目的，就是帮助顾客，收钱是对顾客的承诺）；

(17) 一定要收款；

(18) 再次成交（面对一定要的顾客，一定不要手软）。

第三招 特殊场合演说

正式场合即兴演说 15 个分类：

① 欢迎词（热情洋溢）	② 欢送词（一往情深）
③ 开幕词（简洁明快）	④ 闭幕词（点到为止）
⑤ 聚会（畅叙友情）	⑥ 祝酒（情真意切）
⑦ 婚礼（健康热烈）	⑧ 就职（士气高昂）
⑨ 述职（详略得当）	⑩ 离职（抚今追昔）
⑪ 公诉词（寓情于理）	⑫ 代理词（言简意赅）
⑬ 辩护词（逻辑严密）	⑭ 导游（绘声绘色）
⑮ 动员（豪情四射）	⑯ 仪式词（庄重典雅）
⑰ 开学典礼（意高志远）	⑱ 毕业典礼（描绘蓝图）
⑲ 校庆演说（亲切感人）	⑳ 班团演说（形象生动）

特殊场合演说的重点是把握以上的气氛，再套用以下所提供的公式，结合当时的场景再展开内容。特殊场合演说宜精宜短，达到相应的目的即可，不宜长篇大论。

技能训练与常用公式

主持人技巧训练：

1. **主持人作用**

① 主持会议　② 调动氛围　③ 推出演说嘉宾

2. 主持人的语言特点

✣ 口语化——灵活表达，避免照本宣科；

✣ 大众化——要通俗易懂，避免生僻晦涩；

✣ 个性化——装狼像狼、装虎是虎，有自己的特色。

3. 主持人的语言技巧

对于主持人来说，如何成功地驾驭和掌控演技，需要使用一定的语言技巧。例如，在开场就要善于吸引聚焦众人的目光和注意力，在谈话过程中需要表达清楚话语，对转折之间的连接也要认真推敲，要灵活应对各种变化，对任何可能出现的差错都要准备应急预案，对结尾工作也不可掉以轻心，必须让活动有头有尾顺利结束，让活动回味无穷。综上所述，主持人的语言技巧包括四方面的内容：

（1）工于开场；

（2）巧于连接；

（3）灵活应变；

（4）重视结尾。

主持公式：

（1）开场白（问好；感谢；介绍自己）；

（2）主持会议（告诉大家会议开始；宣传会议纪律）；

（3）介绍会议背景；

（4）介绍主讲嘉宾；

（5）活跃氛围；

（6）请出主讲嘉宾。

竞聘演说公式

1. 开场白

（1）问好；

（2）感谢；

（3）名字。

2. 内容

（1）为什么——为什么参加这次竞选；

（2）经历——过去有过哪些相关的工作经历；

（3）经验——通过过去的经历获得了什么样的经验；

（4）作用——这些经验对现在的工作有什么作用；

（5）承诺——如果竞聘上，如何对待这份工作；

如果没有竞聘上，如何对待这份工作。

3. 结尾

（1）希望——希望××××给予机会；

（2）感谢——最后感谢单位给予这次参加竞选的机会和支持。

就职演说公式

1. 开场

（1）问好；

（2）名字；

（3）感谢。

2. 内容

（1）归功——今天的成绩是大家支持的结果；

（2）感言——发表三点感言；

（3）愿景——将来将如何做。

3. 结尾

（1）承诺——在新的岗位上如何对待这份工作；

（2）感谢——最后感谢大家支持。

获奖感言公式

1. **开场**

（1）问好；

（2）名字；

（3）感谢；

2. **内容**

（1）归功——今天的成绩是大家支持的结果；

（2）经历——过去不平凡、感动、难忘的经历回顾；

（3）感言——发表三点感言。

3. **结尾**

（1）奉献——继续努力，做出更多奉献；

（2）感谢——最后感谢大家支持。

魅力即兴演说公式

即兴演说的黄金模式（三段式）：

1. 昨天、今天、明天

2. 祝贺、感谢、希望

即兴演说的黄金模式就是回顾昨天，对比今天，展望明天，用现身说法的方式得出比较令人信服的结论，也可以是祝贺事件本身——感谢相关人——希望发展进步这样的三段式模式。在没有充分准备的情况下进行即兴演说，以上的两种模式都是屡试不爽的，但如果自己有更充分的准备，则可以按照自己的准备随意发挥，使用不拘一格的方式表达自己的想法。

正式场合即兴演说公式

1. **开场白**

（1）问好；

（2）感谢；

（3）名字。

2. 内容

（1）重述事件本身；

（2）讲述事件的发展经历；

（3）针对事件的经历发表感言。

3. 结尾

（1）感谢；

（2）祝福。

非正式场合即兴演说公式

（1）问好；

（2）感谢；

（3）进行宽度与深度的延伸；

（4）讲一个与主题相关的故事；

（5）通过故事得出一个结论；

（6）祝福。

宽度：词类命题展宽度：按品种，按功能，按颜色等。

句类命题展宽度：按不同方面，按不同发展时间。

深度：按个人的理解展开深度。

第七式

魅力独尊式：人无我有，人有我优

——演说风格塑造

演说风格就是听众对演说者的感觉。听众对演说者的总体感觉就是演说者的风格。演说风格也是演说者思想水平、理论基础与演说技巧的综合素质体现。

演说风格既有共性又有个性。有正面的演说风格，也有负面的演说风格。不管刻意塑造与否，每个演说者都有自己的风格，如果我们了解不同演说风格的特点，通过有意识的训练，演说者可以塑造自己独特的风格，给听众留下深刻的印象。

演说风格同时也影响听众的情绪，从而影响对演说内容的接受。

根据演说者的体态动作、语言及所讲述的内容，可以把演说风格分为以下几种：

表5　演说风格类型、特点及代表人物

风格类型	特点	代表人物
平和型（谈话型）	音色自然朴实，语气亲切委婉，清新自然，不加雕饰，表情轻松随和，语境语意纯净、真诚、厚重，形象亲切，生动感人，动作近于平时习惯，毫无矫揉造作之感。演说者就像与听众拉家常似的漫谈。	习近平 曾仕强

续表

风格类型	特点	代表人物
严谨型	语言经过严密而谨慎的加工，逻辑性强，较多地运用口头语言的强调方式。比如，用重音、反复等手法来对某些主要内容加以着重论述。这种演说口才风格一般来说姿态语言用得不太多，演说者的站立姿势和位置都保持相对的稳定。在一些隆重的场合，如党代会、人大代表会等政治性演说中，或者一些主要的学术报告中。	温家宝
深沉型	音调低沉，节奏比较缓慢，少用手势和体态动作，而多用眼神和面部表情，时而有思恋之情，时而有忧郁压抑之感，使人产生一种沉甸甸的感觉。	孙中山
激昂型（战斗型）	演说者音低宽广，音色响亮，精神饱满，手势幅度较大，给人以奋发向上、朝气蓬勃的振奋感觉，体现了澎湃宏阔、激情高昂、英武奔放的语言风格。演说者一般采用紧张急速的节奏、高亢激昂的音调，并借助于锐利的目光，沉重有力的手势来显示出一种战斗的姿态。	毛泽东 奥巴马 希特勒
潇洒型	演说者语言声音变化多，抑扬顿挫，表情丰富，肢体语言随内容的变化而变化，演说者充分地展现演说的技能，像明星一样地享受舞台的魅力。	易发久 徐鹤宁 马云
绚丽型	讲究浓墨重彩，富丽堂皇，既注意内容的厚重，又强调形式的多样化，常采用一些富有色彩的词语和多变的句式，很注意表情、神态、手势。讲究口语表达的轻重缓急和抑扬顿挫，富有节奏感和音乐美，酣畅淋漓地倾吐演说者的心声。在演说中，喜欢旁征博引，纵横古今，引用大量名言警句，典故史实，以及某些新鲜有趣的材料。	于丹 易中天
柔美型	要求演说者有亲切的微笑、柔和的眼神、真挚的感情，体现轻柔委婉、平和潇洒、曲折生动的语气风格。	杨澜 鲁豫

续表

风格类型	特点	代表人物
幽默型	音调变化大，带有一定程度的戏剧性，语言生动形象，逗人发笑，手势动作轻捷灵活，面部表情富有戏剧色彩。它往往能很好地活跃气氛，增进演说者与听众之间的友好感情。可广泛加以运用。	快递哥窦立国
可爱型	说话比较孩子气，表情丰富，动作活泼。演说内容比较趣味或时尚。体现演说者的童心、清纯等。	金龟子

演说风格由演说者的个性所决定。演说者可以根据自己的日常习惯来寻找合适的演说风格，比如：

讲话大声：激情型　　细声细气：柔美型

逻辑清楚：严谨型　　温柔可人：柔美型

讲话深沉：深沉型　　语言多变：潇洒型

爱开玩笑：幽默型　　彬彬有礼：谈话型

青春活泼：可爱活力型　　引经据典：绚丽型

另外，演说风格还取决于演说者的语言方式。

有声语言：速率、音调、变化。

肢体语言：表情、姿态、手势。

讲话内容：生活、哲理、诗意。

演说风格并非不能改变，只要改变演说习惯就可以改变演说风格！

对于演说者来讲，一般只有一种演说主风格，这需要演说者根据自己的演说习惯与主讲的内容去定位，再加以塑造。同时，一个演说者也需要有其他几种辅助风格，在不同场景、主题下需要根据演说的基调与演说的内容体现出不同演说风格。

那么，如何在每场具体的演说中选择合适的风格呢？

1. 从内容上先定基调

（1）以颂扬为主的演说。这类演说多为好人好事的事迹演说，歌颂、赞美一个好人或者一件好事，或以赞美祖国、党、人民为题的演说。

（2）以批评、揭露、指责为主的演说。这类演说多指对丑恶现象、事物、人物的挞伐。

（3）反思型演说。这类演说多是颂扬与揭露并存，通过对一个社会现象、社会事实、人物的反思，提出问题、分析问题、解决问题，这类演说是演说中最常见的一种类型。

（4）思想交流型演说。这类演说多用于在平和的生活环境中与听众交流某种情感或思想。

2. 根据内容的基调来选择合适的演说风格

（1）以颂扬为主的演说可以采用慷慨激昂式的风格。

（2）以批评、揭露、指责为主的演说可采用慷慨激昂式或深沉严谨式。

（3）反思型的演说既有理性的分析，又有情感的抒发，可以采用谈话型或深沉型。

（4）思想交流型演说可采用谈话型、潇洒型、柔美型、绚丽型或幽默型等。

另外，在决定采用何种风格演说时，还需要充分考虑到以下两点：

1. 内容需要

我们无论采用什么样的风格进行演说，归根结底都是为了更好地为表达内容服务，为主题服务，脱离了这一条，那么无论哪种风格都无优劣之分，只有在具体的内容中，明确的立意下，我们才知道哪种风格更适合一些，因此，我们在确定演说的风格时，首先要考虑的一个因素就是内容的需要。

2. 个性特点

演说选用何种风格，其实与演说者个人所具备的特点是息息相关的。在考虑了内容需要之后，也可以参考一下自己的特点，如性别，自己的语音、语速特点与平时的肢体动作等，发挥优势、扬长避短，这样会使演说效果更佳。

总之，采用何种演说风格进行演说，在内容允许的情况下，一定要考虑自身的特点，只有如此，在众多的演说者中才能独树一帜，形成自己独有的风格。

第八式

魅力收式：言为心声，口吐莲花

——演说者品质修养

是什么保障了演说目的的达成？正确答案是听众对演说者的信任。正如亚里士多德在《修辞学》中所说的，人品诉求是“最有效的说服手段”，所以演说者必须具备聪慧、美德、善意等能够使听众觉得可信的品质，听众便会相信演说者所讲的内容，演说的目的就很容易达到。

演说的根本是推销演说者本人，听众越信任演说者，则越相信演说者所讲的内容。

当一个演说者具有可信高尚的品格时，其他所有的演说技巧根本就不重要。

被世人誉为“宇宙之王”的杰出物理学家之一——霍金，全身瘫痪，根本不具备有声语言与肢体语言能力，必须依靠特定的机器与翻译才能发表演说。但其出版《时间简史》后，多年来曾在英国、美国、日本、中国香港特区等地，向一般大众发表多场公开演说，叙述时间起源、宇宙终结、时光旅行，演说时其受欢迎程度犹如“摇滚巨星”。为什么一个几乎没法说话与行动的霍金可能发表如此受欢迎的演说？这源于他的智慧与品质。

演说者要修炼品质修养，首先在演说过程中一定要摒弃以下几种不良习惯：

（1）高高在上：无论你是多么的权威，地位如何高，千万别用高高在上的语气演说；

（2）忽悠精神：别以为听众都是傻子，别用江湖式的忽悠来发表演说；

（3）盲目夸大：别盲目夸大演说的内容，演说者也许可以欺骗听众一时，但欺骗不了听众一世。一旦被听众识破抛弃，演说者想重建听众的信任就不太可能；

（4）攻击他人：别在演说中攻击他人，当演说者在攻击他人时，其本身的形象已经大打折扣。

其次是从以下三招修炼演说者自身的品质。

第一招　真诚

演说大体上可以分为表演派与真诚派两大流派。

相信读者朋友们一定见识过很多表演派的演说者，这些所谓的演说大师在台上卖弄辞藻和那些迷惑人的把戏，让观众大笑、惊恐、叹息，甚至哭泣。听众无法不报以热烈的掌声。但是，听众们回到家，觉得自己好像刚刚参加了一出情景剧，台上是主要演员，台下是群众演员。学到了什么呢？好像有一些，但是无法用在自己的工作和生活中。好学的人，因此学会了忽悠人的技巧。机场常年出售大师们的音像资料，用打过鸡血的热情，说管理相声，把儒释道搬出来，把历史人物搬出来，佐证他的道理。至此，他们好像占据了演说学科的制高点。

其实，影响别人不是演说的目的，正确地影响别人才是演说的目的。怎么能保证自己的正确？那就是你的出发点必须真诚和善意。

演技派的演说也许会在现场获得掌声或忽悠人掏腰包，但只有真诚和善意的演说才能真正地打动听众，真正是一场走心的演说。

演说者在演说过程中要真诚，这种真诚来源于你想表达的冲动，来源于你对你所要演说内容的相信，这种由心灵传递思想的演说具有强烈的感染力，最能打动听众。

演说者在演说的过程中处于整个演说的磁场中心，演说者用什么样的态度来对待听众，听众也会用同样的态度来对待演说者。当演说者用真诚和善意来演说，在演说的过程中动了真感情，确实是发自内心的感受，听众根本不会在乎演说者的技巧及失误，甚至根本就不会发现演说过程中一些小小的失误，相反，听众为演说者的情感所打动，为演说的内容所说服。

在《我是演说家》的舞台上，我无数次地被选手打动，甚至流下感动的眼泪，深深地感受到了演说者的真诚与所传播的正能量。这些演说者并没有很高深的技巧，在演说中我们也根本就忘了他们是否有使用什么技巧，但他们的真诚已深深地打动了现场的听众、导师及电视机前的观众。其中，焦波的《俺爹俺娘》、孙春龙的《老兵回家》、李帅的《玻璃男孩的铠甲》、章早儿的《有一种爱情向死而生》、林妍的《我和我的导盲犬 Sherry》、郭伟阳的《退役演说》等优秀演说，建议读者朋友去观看一下，真正体会真诚胜于技巧。

第二招　爱与使命

演说是一项非常厉害的武器。正如武器一样，它既可用来杀敌，也可以用来保家卫国。演说可以改变一个人，也可以毁了一个人。一个坏人使用这个武器可能会干出很多坏事，比如希特勒。

因此，一个优秀的演说家一定要有爱。当心中有爱时，当我们希望世界变得更好，希望去传播正能量的思想与观念时，才能让倾听我们演说的听众也传播爱与正能量，把能力与行为转化为社会价值。

演说者应当为自己树立一个强大的使命感，这种使命感来源于演说者对自己人生的定位。每个人来到这个世界都是有使命的，有些演说者是来传播知识的，但知识的范围是无限的，演说者当找好自己的兴趣，做好自己的定位，明白自己主要是传播哪一方面的知识，把重心放在这个主题上，方可成为这一方面的专家，从而真正帮助到听众。

笔者有一位朋友叫林艺明，林老师立志发扬国学传统文化，把传播中华经典当作自己的人生使命，果断放弃自己的生意，几年来不断深入研究中华经典，不断拜师学艺，最近四年更是每周至少做两场有关《易经》的公益讲座，现在听林老师讲经可以说是一种精神的享受，他可以把深奥的易经及其他经典讲得深入浅出，旁征博引，结合生活中的点点滴滴，而且充满幽默。

《我是演说家》中有一个选手，叫孙春龙，有名的调查记者，曾写过一封著名的致山西省代省长王君的举报信，和别的举报信不同，这是一封实名举报信。（以当时的风气而言，需要极大的勇气）因此得到过温家宝总理的批示，让山西某矿难事故真相大白。此事在2008年引起巨大轰动，有兴趣的朋友可以深入了解一下其作品集《山西官煤勾结黑幕》《异域1945》《中印边境真相》。

从2008年开始，他持续关注、报道并帮助中国远征军老兵。2011年孙春龙突然辞去瞭望东方周刊的职务，专注于“老兵回家”公益活动并把这个作为自己的人生使命，这项事业已经深深地刻入他的生命。正是这种经历与使命，让孙春龙的整个演说内容丰富，感人。虽然他的演说在语言上没有太多出彩的地方，但这种发自内心的真诚、付出、朴实深深地打动了听众。刘嘉玲和鲁豫两个女导师不约而同地选择了为他亮灯。

演说者需要用爱来改变世界，用爱来传播知识，找准自己的人生使命，放大自己的知识与思想，放大自己的能量，才能由一个“小我”变成一个“大我”。

第三招　格局

格局——格，就是指人格；局，就是指气度、胸怀。格局就是一个人对事物所处的位置（时间与空间）及未来发展变化的认识程度。

口乃心之门户，语言是一个内在品质的外在表现。俗话讲“言为心声”。演说者要胸怀宽广，站得高才能看得远。曹操与刘备煮酒论英雄时曾说“夫英雄者，胸怀大志，腹有良谋，有包藏宇宙之机，吞吐天地之志者也”。一个格局大的人，自然能口吐莲花，讲出正能量的内容，给听众以引导与帮助。

一个人的格局和以下因素有关：

（1）胆量；

（2）智慧；

（3）使命感；

（4）见识；

（5）爱心；

（6）责任心；

（7）眼光。

因此，演说者要从以上的七个方面不断积累提升自身的底蕴，提高自己的格局。从时间上，不仅着眼当下，更能从漫长的历史长河与未来发展的趋势来观察当下的社会。从空间上，不仅要立足于所在的城市，更要把放眼于全国、全球乃至于从茫茫的宇宙中来看地球，看当下的自己。

相信，当演说者把自己放在无限的时间与空间中来重新审视一下自己的人生、使命、生命的本质、责任、爱与感恩等问题时，一定会有新的收获，讲出更为大气，更富正能量的语言。

在本章的最后，我想用《小灵魂》的故事来作为结尾。

小灵魂

在无始无终的茫茫宇宙里，有一个小灵魂，它对神说：

“我知道我是谁。”

神说：“那很好啊！你是谁呢？”

小灵魂大声地嚷着说：“我是光。”

神笑了，说：“那很对！”

并接着说：“你的确是光。”

小灵魂为自己终于想出了自己是谁而十分高兴。因为整个灵魂王国的所有灵魂都知道这件事了。

“啊，”小灵魂说，“这可真酷！”

但是，过了不一会儿，单单知道自己是谁，好像还少点什么似的。

小灵魂的心有点激动，它想成为它是的那个。所以，小灵魂又回到了神那里。（所有的灵魂想要成为它们真正是谁，都不是一件坏事。）说：

“喂，神，现在我知道我是谁了，可是我要成为我是谁，可以吗？”

神说："你的意思是你想要成为你真正是谁？"

"对啊。"小灵魂回答，"知道我是谁是一回事，完全地成为我是谁，是另外一回事。

"我想知道，作为光是个什么感觉！"

"但你已经是光了。"神笑着说。

"是的，但我想体验一下那是个什么感觉！"小灵魂喊了起来。

"好好好，"神咯咯地笑着说，"我就知道，你总是那么有冒险精神。"

这时，神的表情变得严肃了，说："可是只有一件事……"

"什么事？"小灵魂问。

"啊，你看，这儿除了光，别的什么也没有。除了你们所是的，我没创造别的。所以，让你们体验自己是谁，的确不是一件容易的事。因为这儿没有你不是的东西。"

"啊？"小灵魂有点迷惑不解了。

"你这样想想看，"神说，"你就像太阳中的一支蜡烛，哎，你在这里很好。同其他上百万支蜡烛一起，组成了太阳。没有你，太阳也就不存在了。噢，不对。缺少你一支蜡烛，它还是太阳，但它不能称其为一个完整的太阳，因为它不像原来那样亮了。可是，当你在太阳中时（也就是在光中时）怎样体验自己是光，还真是个问题。"

"那好吧。"小灵魂昂起头来说，"你是神，总能想出办法来的。"

神又笑了。"我已经有办法了。"神说，"因为你在光中时，你看不到你自己，所以我将给你的周围加上黑暗。"

"什么是黑暗？"小灵魂问。

神回答："那就是你不是的东西啊。"

"我会害怕黑暗吗？"小灵魂叫着说。

"仅仅是当你选择了害怕的时候，才会那样。"神回答，"没事的，真的，不必怕。除非你决定怕，你看，是我们把它制造出来的。

我们是假装的。”

“噢。”小灵魂说，他已经觉得好些了。

然后，神解释道，为了完整地经历一件事，与它完全相对的事就必须出现。

“它是一个礼物。”神说，“因为没有对立面，你就不可能知道任何事是什么样子。

“没有冷，你就不知道热。没有下就没有上，没有慢就没有快。

“没有右，你就不知道左。没有那里就没有这里。没有以后就没有现在。

“所以，”神总结道，“当你被黑暗包围时，不要挥舞着拳头，抬高声音去诅咒黑暗。”

“而是要做黑暗里的光，不要迷失在里面。那时，你就会知道你真正是谁了。而且别人也将知道他们是谁。让你的光如此的明亮，以至于每个人都知道你是个特殊的人吧！”

“你的意思是说让别人看到自己是多么的特殊是对的啰？”小灵魂问。

“当然。”神咯咯地笑着说。

“那非常对！但是记住，特殊不是优越，其实每个人都是特殊的，只是许多人都忘记了这一点，而把特殊看成是不对的。只有当你看到你的特殊性是对的时候，人们才会看到他们的特殊性是对的。”

“噢。”小灵魂又蹦又跳，高兴地笑着说：“我能特殊到想要什么样，就是什么样。”

“是的，你现在就可以开始。”神说着，一边蹦着跳着，和小灵魂高兴地笑着。“你要成为具有哪一种特殊性的人呢？”

“具有哪一种特殊的人？”小灵魂重复道，“我不明白。”

“好，”神解释说，“作为光，本身就是黑暗中的特殊性。作为特殊性还有好多种。比如说和善的特殊性，文雅的特殊性，有创造力的特殊性，有耐心的特殊性。你还能想出更多的特殊性吗？”小灵魂坐在那儿静静地发了一会儿呆。

“我可以想出许多特殊性。”小灵魂解释说。

“有助人为乐的特殊性，乐于分享的特殊性，待人友好的特殊性，还有善解人意的特殊性。”

“是的。”神同意道，“你可以成为所有的这些，或者成为其中的任何一种。什么时候都可以。这就是作为光的意思。”

“我知道我要成为什么了，我知道我要成为什么了！”小灵魂激动地宣布道，“我想要成为‘宽恕’的特殊性。宽恕是一种特殊性吗？”

“当然是。”神肯定地说，“那非常的特殊。”

“那好。”小灵魂说，“那就是我想要去成为的。我想要成为宽恕。我想那样体验我自己。”

“好。”神说，“但是有件事你必须知道。”

小灵魂有点不耐烦了，事情怎么老是这么复杂。

“那是什么？”小灵魂叹息着说。

“没有人可宽恕的。”

“没有人？”小灵魂几乎不相信神的话。

“没有人。”神说，“我所制成的每件东西都是完美的。在我的创造物里面，没有任何一个灵魂比你逊色，看看你的周围。”

这时，小灵魂才意识到有一大群灵魂聚集在这里。它们来自神的广大王国里的所有地方。听说小灵魂与神要有一个惊人的对话，灵魂们都想听一听他们将要说些什么。

看着这些数不清的、聚集在这里的灵魂，小灵魂承认，没有一个比自己不漂亮，没有一个比自己不壮观，没有一个比自己不完美，如此神奇的灵魂们聚集在四周，它们的光是那样的明亮，以至于小灵魂几乎不能注视它们。

“那么，该宽恕谁呢?”“哎呀，这可不是开玩笑!”小灵魂抱怨着说，“我想以一个宽恕的人来体验我自己，我想知道这种特殊性的感觉是什么样。”

小灵魂觉得有点伤心了。

就在这时，一个友善的灵魂从众多的灵魂中上前一步，说：“不必担心，小灵魂，我愿意帮助你。”

“你愿意?”小灵魂又快活起来，“但是你能做什么呢?”

“我能一个人到你面前，让你去宽恕!”

“你能?”

“当然!”友善的灵魂说。“我能来到你的下一生中，并且做一些事让你宽恕。”

“为什么呢？为什么你要那样做?”小灵魂问道。

“你是如此的完美，你快速的振动产生了如此亮的光，我几乎不能注视你。是什么原因使你愿意降低你振动的速度，使光变得暗淡?是什么原因使你这个身子轻轻的，在星际间跳舞，并且以思想一样快的速度在无边无际的灵魂王国中自由运动的你——来到我的生活中，并且把自己变得这样沉重，以至于去做坏事情?”

“很简单。”友善的灵魂说，“我愿意这样做是因为我爱你。”

小灵魂对这回答感到有些吃惊。

“不必如此惊异。”友善的灵魂说，“你对我也做过同样的事，不记得了吗？我们已经一起跳舞许多次了。你和我。我们跳舞，穿过无数的年代，横跨所有的世纪。我们在一起玩耍，跨越所有的时间，在宇宙间所有的地方。你只是忘记了。

“我们都曾经做过两种相对的角色。我们都曾经做过上和下，左和右。我们都曾经做过这里和那里，现在和以后。我们都曾经做过男人和女人，好的和坏的。我们都曾经做过受迫害者和坏人。”

“所以在很久很久以前，你和我，我们来到一起，每一方都带给另一方一个准确且完美的机会去展现并体验我们真正是谁。”

“所以，”友善的灵魂进一步解释说，“我将进入你的下一生中。这一次做个坏的角色。我将要做一些确实可怕的事，然后，你可以用这个来体验你的宽恕。”

“那你会做些什么呢?”小灵魂问道，心里有些不安。

“那将是非常可怕的吗?”

“嗯。”友善的灵魂闪了一下，说，“让我们想想看。”

然后，友善的灵魂严肃而又平静的说：

“有一件事你说得很对，你知道吗?”

“什么事?”小灵魂问。

“我将降低我的振动速度，并且变得非常沉重，以便来做这些不太好的事，我将不得不假装得完全不像我自己的样子，我只要求你的一个回报。”

“噢，什么都行，什么都行。”小灵魂叫道。并且一边跳舞，一边唱道：“我要成为宽恕，我要成为宽恕!”

这时，小灵魂看到，友善的灵魂依然很严肃。

“那是为什么?”小灵魂问道，“我能为你做点什么吗?你这位天使一样的灵魂竟肯为我做事。”

“这位友善的灵魂当然是天使!”神打断说，“你们每一个都是!永远记住，我派给你们的只有天使，没有别的。”

这样一来，小灵魂更愿意答应友善灵魂的请求了。“我能为你做什么?”小灵魂再次问道。

“在我打你，甚至击败你的时候，”友善的灵魂回答说，“在我对你做你所能设想的最坏事情的关键时刻，你应该能记得……就在那关键时刻……”

“记得什么？”小灵魂打断道，“记得什么？”

“记得我真正是谁。”“噢，我会的！”小灵魂叫道，“我保证！我将永远记住你在这里现在的这个样子！”

“很好。”友善的灵魂说，“因为，你想想看，我将假装得面目全非，连我自己都忘了我自己。如果你不记得我真正是谁的话，我可能在一个很长的时间里也回忆不起来我是谁了。而如果我忘记了我是谁，你就更记不起来你是谁，我们两个就都迷失了。那时，我们就需要另外一个灵魂来提醒你我，我们是谁。”

“不，我们不需要！”小灵魂再次保证，“我将记得你！并且，我还将感谢你带给我的礼物——给我一个机会去体验我是谁。”

就这样，协议达成了。从那以后，小灵魂就进入了一个新的生命。它为自己是光而高兴。那是很特别的。它为自己能成为一种叫作宽恕的特殊的人而感到高兴。

小灵魂急切地等待着体验自己的宽恕。无论哪一个灵魂使这种体验能够实现，它都感谢。在这新的生命的所有时间里，无论什么时候，每当一个新的灵魂出现在自己的生活里，不管这灵魂所带来的是快乐还是悲伤——尤其是当带来悲伤的时候，这时，小灵魂就想起了神说过的话：

“永远记住，我派给你们的只有天使，没有别的。”

人生是什么？人生就是一场体验，通过体验来了解自己是谁。当演说者悟透生命，悟透时间与空间，当会用感恩的心去面对人生的种种际遇，用爱来回报这个社会，明了自己的人生使命，用爱去传播正能量的内容，真正地用生命去演说。那么，本部分所讲述的技巧方可融会贯通，化于无形。这正如一个内力深厚的武林高手，招式将不再重要，正所谓“无招胜有招”“心中有剑，手中无剑”。

本篇总结

表 6　演说前准备

公众演说步骤	要做的事	备注
1. 心理准备	开心金库、配得感、预演未来。	信心、适当紧张、充满活力激情。要点燃听众，先点燃自己。
2. 场所准备	检查时间、地点、正式或非正式场合、空间布置、灯光、通风通电、噪声情况等。	与听众人数及主题相适应。
3. 道具准备	检查演说稿、PPT 文件、音像资料、手提电脑、翻页笔、麦克风、音响、白板、白板笔、白板擦、白纸及其他演说中需要的道具是否齐全。	与演说的内容相配套。

表 7　演说过程概述

公众演说步骤	要做的事	备注
1. 思考听众	收集听众信息：分析信息有助于你在准备和发表演说的各个环节中做决定。关注环境，让你更好地调节自己的声音、工具等。	人数、年龄、学历、工作及职务、文化程度、文化背景、宗教信仰等。分析听众的共性、不同性，自己与听众的共识。根据不同的听众制定不同的策略。
2. 选择和确定主题	选择好的演说主题。	关注： 1. 听众； 2. 自己的兴趣、才能和经验； 3. 演说的特定场合。
3. 明确目标	确定你的总目标是告知、说服、取悦、激励还是销售。确定具体目标——一个描述你希望听众在演说结束后能够做什么的声明。	评价成功与否不是掌声而是有没有达成既定目标。

续表

公众演说步骤	要做的事	备注
4. 确定中心思想	对演说的一句话总结。	目标是你希望听众能够做什么，而中心思想是用一句话简要地概括演说的内容。
5. 形成主要观点	将中心思想划分为几个重要观点，形成演说的主体结构。	思考： 1. 能否从逻辑上对中心思想进行划分； 2. 为什么中心思想是对的，你能否想到一些理由支持这个中心思想； 3. 能否用一系列步骤支持你的中心思想。
6. 收集支持材料	从调查中发现有用的，有趣的，可以支持主要观点的故事、描述、定义、数字、现象、生活体验、音像资料和世间万象等。	同一素材，多主题升华；同一主题，多素材演绎。素材有哪些切面？主题有哪些情形？哪些素材最适合现场学员的认识、状态？怎样切入？
7. 组织演说内容	制定开场白、主体部分和结束语。使用信号词和过渡句让结构更清晰。	凤头、猪肚、豹尾。
8. 排练演说	在演说前准备演说稿并练习熟练。 像真正演说那样站立并大声排练。 准备合适、有用的演示辅助工具。	以严肃的态度面对。 掌握及控制好时间。 认真准备，多次演练。
9. 发表演说	展示演说，使用以下方式： • 眼神交流 • 恰当的手势与姿态 • 恰当的音量和音调	看：55% 听：38% 内容：7%

【附录A】魅力演说训练素材

说

第一节　声音训练素材

诗词朗诵素材：

再别康桥

徐志摩

轻轻的我走了，
正如我轻轻的来；
我轻轻的招手，
作别西天的云彩。

——

那河畔的金柳，
是夕阳中的新娘；
波光里的艳影，
在我的心头荡漾。

——

软泥上的青荇，
油油的在水底招摇；
在康河的柔波里，
甘心做一条水草！

——

那榆荫下的一潭，
不是清泉，是天上虹；
揉碎花浮藻间，
沉淀着彩虹似的梦。

——

寻梦？撑一支长篙，
向青草更青处漫溯；
满载一船星辉，
在星辉斑斓里放歌。

——

但我不能放歌，
悄悄是别离的笙箫；
夏虫也为我沉默，
沉默是今晚的康桥。

——

悄悄的我走了，
正如我悄悄的来；
我挥一挥衣袖，
不带走一片云彩。

沁园春·雪

毛泽东

北国风光，千里冰封，万里雪飘。望长城内外，惟余莽莽；大河上下，顿失滔滔。山舞银蛇，原驰蜡象，欲与天公试比高。须晴日，看红装素裹，分外妖娆。

江山如此多娇，引无数英雄竞折腰。惜秦皇汉武，略输文采；唐宗宋祖，稍逊风骚。一代天骄，成吉思汗，只识弯弓射大雕。俱往矣，数风流人物，还看今朝。

将进酒

李白

君不见，黄河之水天上来，奔流到海不复回。君不见，高堂明镜悲白发，朝如青丝暮成雪！

人生得意须尽欢，莫使金樽空对月。天生我材必有用，千金散尽还复来。

烹羊宰牛且为乐，会须一饮三百杯。岑夫子，丹丘生，将进酒，杯莫停。

与君歌一曲，请君为我倾耳听。钟鼓馔玉不足贵，但愿长醉不复醒。

古来圣贤皆寂寞，惟有饮者留其名。陈王昔时宴平乐，斗酒十千恣欢谑。

主人何为言少钱，径须沽取对君酌。五花马，千金裘，呼儿将出换美酒，与尔同销万古愁。

短文朗诵素材：

海燕

高尔基

在苍茫的大海上，狂风卷集着乌云。在乌云和大海之间，海燕像黑色的闪电，在高傲地飞翔。一会儿翅膀碰着波浪，一会儿箭一般地直冲向乌云，它叫喊着，——就在这鸟儿勇敢的叫喊声里，乌云听出了欢乐。

在这叫喊声里——充满着对暴风雨的渴望！在这叫喊声里，乌云听出了愤怒的力量，热情的火焰和胜利的信心。

海鸥在暴风雨来临之前呻吟着，——呻吟着，它们在大海上飞窜，想把自己对暴风雨的恐惧，掩藏到大海深处。

海鸭也在呻吟着，——它们这些海鸭啊，享受不了生活的战斗的欢乐：轰隆隆的雷声就把它们吓坏了。蠢笨的企鹅，胆怯地把肥胖的身体躲藏在悬崖底下……只有那高傲的海燕，勇敢地，自由自在地，在泛起白沫的大海上飞翔！

乌云越来越暗，越来越低，向海面直压下来，而波浪一边唱歌，一边冲向高空，去迎接那雷声。雷声轰响。波浪在愤怒的飞沫中呼叫，跟狂风争鸣。看吧，狂风紧紧抱起一层层巨浪，恶狠狠地将它们甩到悬崖上，把这些大块的翡翠摔成尘雾和碎末。

看吧，它飞舞着，像个精灵，——高傲的、黑色的暴风雨的精灵，——它在大笑，它又在号叫……它笑那些乌云，它因为欢乐而号叫！

这个敏感的精灵，——它从雷声的震怒里，早就听出了困乏，它深信，乌云遮不住太阳——是的，遮不住的！

狂风吼叫……雷声轰响……

一堆堆乌云，像青色的火焰，在无底的大海上燃烧。大海抓住闪电的箭光，把它们熄灭在自己的深渊里。这些闪电的影子，活像一条条火蛇，在大海里蜿蜒游动，一晃就消失了。

——暴风雨！暴风雨就要来啦！

这是勇敢的海燕，在怒吼的大海上，在闪电中间，高傲地飞翔；这是胜利的预言家在叫喊：

——让暴风雨来得更猛烈些吧！

匆匆

朱自清

燕子去了，有再来的时候；杨柳枯了，有再青的时候；桃花谢了，有再开的时候。但是，聪明的，你告诉我，我们的日子为什么一去不复返呢？——是有人偷了他们罢：那是谁？又藏在何处呢？是他们自己逃走了罢——如今又到了哪里呢？

我不知道他们给了我多少日子，但我的手确乎是渐渐空虚了。在默默里算着，八千多日子已经从我手中溜去，像针尖上一滴水滴在大海里，我的日子滴在时间的流里，没有声音，也没有影子。我不禁头涔涔而泪潸潸了。

去的尽管去了，来的尽管来着；去来的中间，又怎样地匆匆呢？早上我起来的时候，小屋里射进两三方斜斜的太阳。太阳它有脚啊，轻轻悄悄地挪移了，我也茫茫然跟着旋转。于是——洗手的时候，日子从水盆里过去；吃饭的时候，日子从饭碗里过去；默默时，便从凝然的双眼前过去。我觉察它去得匆匆了，伸出手遮挽时，它又从遮挽着的手边过去。天黑时，我躺在床上，它便伶伶俐俐地从我身上跨过，从我脚边飞去了。等我睁开眼和太阳再见，这算又溜走了一日。我掩着面叹息。但是新来的日子的影儿又开始在叹息里闪过了。

在逃去如飞的日子里，在千门万户的世界里的我能做些什么呢？只有徘徊罢了，只有匆匆罢了；在八千多日的匆匆里，除徘徊外，又剩些什么呢？过去的日子如轻烟，被微风吹散了；如薄雾，被初阳蒸融了；我留着些什么痕迹呢？我何曾留着像游丝样的痕迹呢？我赤裸裸来到这世界，转眼间也将赤裸裸地回去罢？但不能平的，为什么偏要白白走这一遭啊？

你聪明的，告诉我，我们的日子为什么一去不复返呢？

第二节　致辞素材

领导致辞中的四季开场用语

春暖花开、鸟语花香、大地回春、百花争鸣、阳春三月、青山绿水、冰雪消融、春江水暖、春光明媚、万物复苏、春风报喜、春雨如油、四季回春、阳光明媚、春意盎然、绿草如荫、春光无限、花红柳绿

夏日炎炎、骄阳似火、五黄六月、夏日炎炎、夏阳酷暑、绿树成荫

秋风送爽、天高云淡、丰收时节、秋高气爽、秋水长天、蓝天白云、枫红似火、收获似金、长风万里、秋色无边、秋风秋意、静湖荷花、秋兰飘香、丹枫迎秋

冰天雪地、风雪交加、寒冬腊月、雪满长空、隆冬季节、冰天雪地、傲雪凌霜、寒梅花开、雪花飞扬、寒风刺骨、天寒地冻、火树银花

开业致辞

尊敬的各位来宾、亲朋好友：

在这个美好的日子里，××商贸有限责任公司正式成立，旗下××××葡萄酒庄今天正式开业！在此，我谨代表××有限公司，向光临今天开业庆典的各位领导、各位亲朋好友，表示热烈的欢迎和崇高的敬意！

××酒庄从筹备到开业，得到了各位来宾和亲朋好友的高度重视和关怀，这一切，我们都将永远铭记在心。今后，我们将以高尚的品

质、专注的职业精神，向社会各界展示我公司优质的服务理念和专业风采。我们将诚信守法经营，脚踏实地工作，努力将梦想变成现实、让理想展翅飞翔，通过我们的劳动，为每一位尊贵的客人，烙下××酒庄美好的印象。

鸿基始创，骏业日新！我们一定不会辜负大家对公司的殷切希望，把酒庄办好，把幸福和欢乐送给每一位关爱我们的朋友，这就是我们对大家的点滴回报。

策马扬鞭，一路发展呈祥，前景风光无限。让我们共享这一美好时刻，让我们共同祝愿并期待××公司创造辉煌事业，拥有灿烂的明天！祝酒庄客源如江，生意兴隆，广聚天下客，一揽八方财。在此，我祝愿各位领导、各位嘉宾身体健康，生活幸福，事业兴旺！

各位领导，各们来宾，各界朋友：

今天是××××公司一个值得纪念的喜庆日子，我们在这里庆祝××××隆重开业，值此开业庆典之际，请允许我代表×××对的开业表示热烈的祝贺；对远道而来专程参加我们庆典活动的各位领导，各位来宾，各界朋友表示热烈欢迎。

××××是一个朝气蓬勃，充满活力，富有想象力和创造力的企业，历经数年的商海遨游，培养了我们诚信、稳健的为人之道，坚韧求实的办事作风；2007 年×××将以×××为市场主要发展方向，我们相信在上级主管部门的领导，在社会各界朋友的帮助下，经过自身努力拼搏，××一定会逐渐成长壮大，谨此，我向所有曾经关心支持过我们的各界朋友表示衷心的谢意。

××××，一艘刚刚起航的航船，让我们一起向往建设更美好的明天；最后祝××××开业大吉，祝开业庆典圆满成功。

公司周年庆总经理致辞

各位×××的同胞，兄弟姐妹们：

大家晚上好！

今天是我们×××大家庭五周岁的生日。

我们相聚一堂来回顾过去的五年，我们经历了创业的艰辛和激烈的竞争，见证了家纺行业的波澜起伏，但是我们一直坚守自己的信念，金太阳与中国的家纺行业一起不断进步，快速成长。在此，我很高兴能够与大家分享所取得的一些成绩：

五年前，我们还是一个不起眼的只有二十来人的小门市，五年后的今天，我们已发展成一个初具规模的拥有200多人的公司，成功地与中国几十个著名家纺品牌企业建立了长期战略合作伙伴关系，也完成了对全国范围尤其是江浙沪及广东地区的业务覆盖，同时也改变了家纺面料行业的经营模式，创立了家纺设计工作室，并且初试锋芒，多次在国内大赛中获奖。金太阳集设计、研发和营销为一体的核心竞争力正在逐步形成，并走向成熟，我们取得了300多款的专利和版权。与此同时，我们的销售业绩也同样连续保持着快速的增长，在家纺行业已经享有了相当的美誉度。

这五年来，我们共同创下了这可喜可贺的业绩。这些业绩凝聚了我们所有×××人的心血和汗水。对于金太阳来说，我们积累下来的最大财富不是我们在家纺行业的领先地位，而是我们拥有了一支能共同面对困难和挑战，不断进取、不断成长的团队，还有我们的合作伙伴对我们的信任和支持。

所有的这一切，都来源于全体的共同努力。我发自内心地感谢大家，正是有你们的全心努力、任劳任怨、积极进取，公司才能取得今天的成就！

过去的五年是难忘而精彩的，未来的五年必将迎来更多的精彩和挑战。未来五年，×××将会全力打造以设计航母为核心的集团化联合舰队。这一目标是宏伟的，她的实现将需要我们全体同人共同迎接挑战，为实现这一宏伟目标，大家说有没有信心?！为了这一宏伟目标的实现，在此请允许我代表董事会和总经理室向勤奋工作在各岗位上的同人、向支持×××发展的各位领导和朋友表示最衷心的感谢！

现在让我们共同举杯，感谢各位同仁多年来一如既往的支持和厚爱，祝愿大家度过一个美好而难忘的夜晚！

华企产业联盟迎新春晚会上的致辞

亲爱的同学们：

在这新春即将到来之际，在这美丽的鹭岛，非常高兴也非常荣幸与各位同学相聚一堂，共同庆祝新春佳节的到来。在此，我谨代表华企产业联盟总部向精心准备这场晚会的厦门同学们表示衷心的感谢！谢谢你们！

每次来到厦门与同学相聚，总能勾起我对华企会在厦门发展的种种美好回忆，回首往事，我总忘不了 2009 年 6 月 10 日我们在会展中心酒店，300 多位企业家一起发起成立华企会的盛大场面，忘不了在 2009 年 9 月 8 日我们组建当年最大的企业家代表团参加九八投洽会及与二十多个国家大使、参赞、商务部长举办的对接会隆重场面，忘不了同学们在云顶至尊项目说明会上讨论华企未来的热烈场面，忘不了广大同学积极推荐及 PK 首届服务班子的付出精神，忘不了我们在东方及凯歌高尔夫球场潇洒的挥杆，忘不了我们多次举办的沙龙，学习会及各种形式的联欢会，更忘不了厦门同学们那份浓浓的友情。

六年来，在华企会这个平台上，我们收获了太多太多，我们收获了友谊，我们有了在座的100多位亲爱的兄弟姐妹，我们收获了知识，我们更加懂得如何经营我们的企业以及如何借助社团的力量来丰富我们的人生，我们收获了快乐和健康，在球场上，在拓展营中，在聚会中，我们放松了我们的身心，陶冶了我们的情操。

而这一切，来源于我们广大同学们的热情付出，不离不弃的支持，乐于奉献的主人翁精神及勇于担当的责任感。特别是我们厦门同学，在华企发展的初期及总部设在厦门的日子里，你们的付出与支持是华企发展历史上光辉亮丽的一个篇章。

当然，这六年来，我们也走过弯路，也曾面临挫折，但我们华企人最终用我们的智慧克服了种种障碍。六年来，我们的同学一批批不计回报地付出，无论面对怎样的情况，我们对华企会的感情不变，对作为华企人的自豪不减，因为我们始终没有忘记我们华企的精神，始终没有忘记我们抱团发展，资源整合赢天下的宗旨，始终没有忘记我们“学习，分享，互助，共进”的理念，始终没有忘记整合全球资源，服务华人企业，推动中华民族伟大复兴的梦想。我们是一个个平凡的人，但我们不会忘记我们的梦想，我们这一群平凡的人相聚在一起，终将会做成一件不平凡的事业。

当然，我们也深知要实现这个梦想不易，但我们已经在路上了，我们将脚踏实地，更加务实地做好我们当下的工作，我们将加强秘书处的工作，做好我们华企会的基础服务，以活动为载体，以学习交流为内容，以合作发展为目的，做好我们华企标杆企业开放日活动，做好我们华企小沙龙活动，做好我们华企大讲坛活动，做好我们的项目对接会活动，做好我们的健康休闲自驾旅游活动，让同学们真真切切在华企大家庭中有收获，有成长有商机。并在这个基础上，我们更希望能把我们资源整合的口号落到实地，鼓励同学中相关的产业链进行整合，形成各式各样的产业联盟，比如IT业联盟，餐饮业联盟，零售业联盟、旅游业联盟、制造业联盟、贸易业联盟、电商业联盟等。我们同学中形成的各个产业联盟就像各个舰队，这些舰队组合起来，就是我们华企产业联盟这个航母群。

每每想到我们要做的这些事时，我就会想起以前503班的班歌《众人划桨开大船》这首歌。

我们相信，在我们华企精神的指导下，在同学们的共同努力下，我们一步一个脚印，华企产业联盟这艘航母一定能够在波涛汹涌的国际经济浪潮中乘风破浪，不断前行！正如今晚的主题“汇聚，引领，赢天下”，让我们在新的一年里共同汇聚华人企业家的力量，引导新时代的潮流，共同赢天下！

最后，祝愿各位同学在2015年生活快乐，身体健康，事业有成，祝愿华企会的明天更美好！谢谢！

会议接待欢迎词范文

尊敬的×××董事长先生，尊敬的贵宾们：

×××董事长先生与我们合资建厂已经两年，今天亲临我厂对生产技术、经营管理进行指导，我们表示热烈的欢迎。两年来我们感到高兴的是，我们双方合资建厂、生产、经营管理中的友好关系一直稳步向前发展。我应当满意地指出，我们的友好关系能顺利发展，是与我们双方严格遵守合同和协议、相互尊重和平等协商分不开的，是我们双方共同努力的结果。我相信，通过这次×××董事长亲临我厂进行指导，能进一步加深双方相互了解和信任，更能进一步增进双方友好合作关系的发展，使我厂更加兴旺发达。最后，让我们以热烈的掌声，向董事长表示欢迎！

A公司董事长×××致市政府有关领导和合作伙伴的欢迎词

尊敬的市政府领导、各方合作伙伴代表：

欢迎你们出席本公司成立20周年庆典暨新一届董事会就职典礼。我们十分高兴地迎接你们的到来。在此，我谨代表本公司，向各位领导和各方合作伙伴代表，表示热烈的欢迎和衷心的感谢！

中国改革开放以来，广州的经济、社会获得了巨大的发展，焕发出勃勃生机，本公司是一家中外合资的企业，20年来的风雨历程，造就了20年来的辉煌业绩。此次庆典活动我们将以“为企业创造价值”为主题，让我们共同回顾本公司在20年来所经历的风风雨雨、所取得的辉煌成绩。

本公司的发展，除了公司全体成员的支持与我们自身的努力外，离不开各方，特别是市政府领导、合作伙伴B公司、D公司和C公司等的资助与支持。我们真诚地希望，通过举办本公司成立20周年庆典暨新一届董事会就职典礼，与你们共同分享我们的成果，推动广州经济的发展，增进我们各方的友谊和交流合作。

我相信，我们将会进一步地健全机制、提升理念、强化落实，不断优化企业发展环境，提高企业工作质量，团结和带领公司全体人员扎实工作、激情钻研，推进我公司业绩再上新台阶。

祝各位身体好、工作好、家庭好、事业好，一切安好！

文化节开幕式致辞

尊敬的各位领导、各位来宾，女士们、先生们：

大家好！今天，百花齐放、香草芬芳，××区第四届香草文化节隆重开幕了。在此，受××区长的委托，我谨代表××区人民政府，向出席今天开幕式的各位领导和来宾表示热烈的欢迎！向一直关心、支持我区旅游业发展的领导和社会各界朋友表示衷心的感谢！

花都是××的北大门，风景秀丽、人杰地灵。近年来，我区在大力发展汽车、空港、皮具、珠宝、声光电等支柱产业的同时，加快整合生态、文化资源，通过香草文化节、枇杷节、芋头节、油菜花节等乡村旅游品牌节庆活动，发展生态、休闲、观光、度假等绿色旅游文化产业，努力促进农村经济健康快速发展。

花都香草文化节自2009年首次举办以来，全力打造最具特色的观光花海、花卉大餐，努力营造返璞归真的田园自然风光，满足广大游客体验乡村生活，享受乡村气息的需求，得到了社会各界的广泛赞誉。本届香草文化节以“香草童话·韵味花山”为主题，精心塑造如童话般浪漫的香草世界，充分展示××最早的县城所在地——花山镇的乡村历史文化。节庆期间还将举办异地务工青年“相约香草，结缘花都”专题活动，使他们充分感受花都的自然风光和人文关怀之美，增强对××的认同感和归属感，更好地融入花都。

乡村生态旅游产业是21世纪的“朝阳”产业、“黄金”产业，更是富民产业，衷心希望花山镇及各部门通过香草文化节这个平台，进一步挖掘我区特色丰富的旅游资源，变资源优势为经济优势；也诚挚希望各级各部门的领导及社会各界朋友一如既往地关注花都，支持花都发展，共创美好未来。

最后，预祝第四届香草文化节取得圆满成功！祝愿各位领导、各位来宾身体健康、家庭幸福！

泉州市首届自驾旅游节开幕式致辞

尊敬的各位领导、各位来宾：

大家好！

在这生机盎然、繁花似锦的美好日子里，在这“清新福建”品牌响彻全国之时，我们欢聚一堂，共同见证“2014泉州市首届自驾旅游节”的盛大开幕。本次自驾旅游节由福建省旅游局指导，泉州市旅游局、鲤城区人民政府共同主办，泉州市自驾旅游协会承办，主题为“东亚文化之都，纵横魅力泉州”。首先，我谨代表泉州市自驾旅游协会，向到场的各位来宾表示热烈的欢迎，对本次协办单位、支持单位及赞助商家的大力支持表示衷心的感谢！

2014年，在国家文化部举办的“东亚文化之都”评选活动中，我们泉州力拔头筹，成为中国首个“东亚文化之都”，泉城弹冠相庆。可以说，2014年是我们泉州再塑城市名片的重要一年。之所以能从众多城市中脱颖而出，我们泉州凭借的是自身深远厚重的历史文化底蕴和鲜明奇特的多元文化大观；凭借的是丰富多彩的文化物质遗产和悠久广泛的内外交流传统。作为国家首批历史文化名城，泉州文化旅游资源丰富：泉州有中国现存最完整的花岗岩滨海石城——崇武古城；有中国现存最高石塔——东西塔；有中国现存最长的古石桥——安平桥等众多文化旅游景点；自然旅游资源亦是星罗棋布，有“闽海蓬莱第一山”之美誉的清源山，有“闽中屋脊”之称的戴云山，有号称“华东第一瀑”的岱仙瀑布等多处风景区。打铁要趁热，正值泉州荣获“东亚文化之都”之年，为进一步扩大泉州的知名度、影响力，全方位、多角度地宣传，展现泉州人文魅力，推动泉州自驾旅游业的进一步发展，在各界领导、同人的殷切关心期盼下，本次自驾旅游节应势而生。

近年来，随着人们生活水平的不断提高和家庭轿车的普及，以休闲度假为目的自驾旅游，成为一种全新的旅游方式，市场前景广阔，自驾旅游协会以不同形式在全国遍地开花，并催生出了许多新的商机，如房车、自驾游商业保险、自驾游度假区开发等。我们有理由相信：借助自驾旅游节的举办，通过对自驾旅游知识的广泛且深入的普及，对自驾旅游线路的展示，能更加深入地挖掘泉州的文化底蕴及旅游资源，提升泉州城市的知名度；我们有理由相信：通过加强与各地兄弟协会的交流与合作，能达到行业资源共享、信息互通、市场互动，不断提高协会的影响力，推动泉州旅游业更快更好发展。

最后，我向关心泉州自驾旅游发展的各位领导，向大力宣传本次自驾旅游节的媒体，向支持本次自驾旅游节的兄弟协会表示真挚的谢意和良好的祝愿！并衷心地希望光临泉州的朋友们，在本次自驾旅游节期间能够尽情尽兴地领略泉州的人文底蕴，尽情尽兴地融入各项旅游观光活动中，也真诚地希望本次旅游节成为我们友谊的彩带，合作的金桥。我们热切地期盼着与社会各界人士、兄弟协会同心携手，共同铸造自驾旅游的辉煌。

谢谢！

会展行业协会成立致辞

范例一

各位领导、行业协会的各位同仁，同志们、朋友们：

大家上午好！

今天，我们很荣幸地参加了××市会展行业协会成立大会，我们不仅从此看到××市的会展业走向成熟，我们还会看到××市的会展经济将跨入一个新的发展时期。我们衷心祝贺××市会展行业的成立，祝贺它为××市的会展经济承前启后，继往开来，努力奋斗，繁荣百业。

会展业是牵动百业的综合行业，它既为百业服务，又需要百业的支持，要创造一个“百业为会展，会展促百业”的全行业发展会展经济的氛围，这就需要加强整体规划和指导，加强各行各业间的信息沟通，我们××××协会将全力以赴支持会展行业协会，为了××会展经济发展，需要什么支援什么，发动餐饮行业千方百计为会展服务，为会展经济服务。

会展经济作为方兴未艾的一个朝阳产业，近年来呈现蓬勃发展的势头，特别是我国加入世贸组织后，已经成为备受关注的产业之一。××会展数量日益增加，档次、规模、成交额一年一个新台阶，展现了生气勃勃的兴旺景象。我们相信在市政府的领导和重视下，在主管局商务局的直接领导下，在市会展行业协会的辛勤努力下，××的会展将会出现更多知名的地方特色品牌展、精品展。规模和影响将走向世界！××的会展经济将给我们带来无限商机！

祝××市会展行业协会越办越好。

范例二

尊敬的××协会会长，尊敬的协会常务副会长和联合会会长，尊敬的各位领导、各位嘉宾、各位代表：

大家下午好！今天，×××行业协会成立，召开××行业协会第一届会员代表大会。刚才，通过筹备小组的工作报告，大家审议并通过了新的章程，选举产生了协会第一届理事和会长、副会长、秘书长，我代表×××委员会对今天大会的顺利召开，对选举产生的协会领导班子表示衷心的祝贺！

在×××行业协会的成立过程中，筹备工作小组做了大量细致、富有成效的工作，从大局出发，求同存异，高风亮节，提出新成立协会的名称、注册地址、章程、拟任会长、副会长、秘书长推荐人选和常务理事、理事的建议等重要事项。并确定了行业的规范管理、品牌培育、人才培养、市场繁荣等事项，以利于资源整合、优势互补、加快发展、做强做大，因此，这个要求理所当然地得到政府主管部门和社会相关方面的大力支持。

今天行业协会成立，我们提出几点希望：

1. 要高度重视团结。包括协会领导班子的团结和工作人员的团结。协会成立后，要加强协会自身建设，明确领导班子分工和工作人员职责，健全完善规章制度，做到团结一致，工作高效，缩短磨合期。协会工作人员结构要朝着年轻化、知识化、专业化、职业化方向发展，不断提高人员素质。

2. 要坚持服务宗旨。把服务放在头等位置，把服务视为协会的生命。通过服务政府，开展课题研究，承担政府购买服务项目，成为政府的得力助手，并积极向政府建言献策；通过服务会员，帮助会员解决困难，成为“会员之家”，并向有关方面反映会员诉求；通过服务社会，在有关社会活动中承担社会责任，树立良好的社会形象。

3. 要建设诚信协会。要严格遵守国家的法律法规，同时以章程和规定对社会体现承诺。要着力推进协会的文化建设，建立亲和的公共关系，以自身诚信赢得社会公信，在社会实践中，提高协会公信力，扩大协会影响力。

我们相信，在协会新的领导班子带领下，在广大会员共同努力下，协会的各项工作一定能创出一片新天地，为“四个中心”建设做出积极贡献！

协会会长在成立大会上的讲话

泉州市区二手汽车商贸同业公会成立大会

会长致辞

（杨少忠先生）

各位领导、各位来宾、各位会员、新闻媒体界的各位朋友：

大家下午好！首先请允许我代表泉州市区二手汽车商贸同业公会，对各位前来出席“泉州市区二手汽车商贸同业公会成立大会”的领导、嘉宾和各位会员表示热烈的欢迎和感谢。在泉州市鲤城区经贸局和泉州市鲤城区民政局等有关部门的支持下，在各界朋友的共同努力下，经过紧张、有序的筹备工作，泉州市区二手汽车商贸同业公会今天终于成立了！这是泉州市二手车行业的盛事，更是二手车行业的喜事。借此机会，请允许我再次代表泉州市区二手汽车商贸同业公会，向光临大会的各级领导、各位来宾和长期关心、支持我市区二手车行业发展的朋友们，以及在背后默默工作的人员，致以最衷心的感谢！

在刚刚结束的泉州市区二手汽车商贸同业公会会员大会上，我荣幸地被推选为首届会长，这是全体会员对我的信任，是各级领导的重托，我深感责任重大，既有压力，又有动力。我一定不辱使命，决心与全体理事一道，紧紧依托有关部门和社会各界的支持与帮助，团结广大会员，按照《泉州市区二手汽车商贸同业公会章程》及有关规定履行职责，贯彻好“团结，互助，抱团，共赢”的公会理念，认真开展工作。

一是发挥好桥梁纽带作用，加大政府政策宣传、贯彻和落实。积极配合政府相关部门工作，参与质量管理和监督工作；制定并监督执行行规行约，规范行业行为，协调同行价格争议，维护公平竞争，助力规范泉州二手车市场。

二是立足公会发展，加强公会自身建设。公会将致力于组织发展壮大和秘书处的内部建设工作。进一步完善各项规章制度，完善秘书处工作流程及服务体系建设，给会员提供公会最好的服务，使会员感受到公会的温馨。

三是整合与二手车行业相关资源，为会员办实事。公会在服务于政府、服务于行业的基础上，依托鲤城区国联二手车交易市场、泉州优适得二手车交易市场、海西中爵汽配城等三大二手车市场相对集中的区域优势，联合晋江、石狮二手车行，搭建行业交流平台，凝聚泉州市区二手车行业力量，发挥社会团体的优势，团结和利用各方力量，整合金融、保险、汽车租赁、汽修美容、4S店、媒体网络、其他商协会、车友会等市场信息资源，向会员提供项目、资金、人力、产品、技术、市场、法律等各种信息和服务，引导和促进泉州市区二手车市场走规范化、服务一体化、品牌化、高端化路线。

四是组织策划二手车行业展销会、展览会、推介会议、行业研讨会、讲座和业务技术培训等活动；增进会员间交流互动，促进省内外二手车行业交流，加强与全国各地二手车公会的对接。

五是搭建公会宣传平台。创办公会简报、书籍、刊物，建立公会网络平台，及时地将二手车产品信息、政府部门相关政策和规定、公会工作以及行业内的情况传达会员，使会员了解行业动态，扩大公会影响力。此外，借助网络、刊物等平台的灵活性和实效性，及时将行业资讯、会员基本情况，通过文字、图像等形式，发布到宣传平台，为会员起到很好的宣传作用，实现共赢。

各位同仁，我相信在政府各有关部门的大力支持下，只要我们同心协力，励精图治，与时俱进，开拓创新，一定能把泉州市区二手汽车商贸同业公会办好，办出特色、办出水平，为泉州的二手车行业发展和繁荣做出应有的贡献。

最后，请让我代表理事会和全体会员，再次感谢前来指导的各位领导、各位来宾和新闻界的各位朋友，祝大家万事如意，合家欢乐，心想事成！

谢谢大家！

在婚庆典礼上的证婚词

昨晚一夜甘露雨，今天两个幸福人。很高兴为这两位新人证婚。首先，我要向双方父母表示热烈的祝贺！我特别要向来自江苏的屠姑娘的父母和亲友以及来自重庆、贵阳和广元等地的远客表示热烈的欢迎。我们相信，在小平故里，伟人家乡，在红五月这个黄道吉日，为这两个年轻人完婚，一定会给他们带来吉祥和好运！

我愿以苍山溪水、巴山蜀水的名义为他们伟大的、光荣的、正确的、甜蜜的、牢不可破的爱情做证！

手握他们的结婚证，我以法律的名义为他们真实、有效、合法的婚姻做证。从他们在海淀区民政局登记的那一刻起，到现在，到永远，他们所有爱的思想、爱的行动、爱的创意、爱的实践和爱的成果都受共和国法律的保护。

我愿以华蓥山的名义，为他们天长地久的爱情做证；我愿以渠江的名义，为他们源远流长的幸福做证！

让我们共同祝愿这一对新人在未来的日子里，手挽手，心贴心，爱连爱，共度美好生活！

尊敬的各位来宾：

今天，我受新郎新娘的重托，担任先生与小姐的证婚人，我感到十分荣幸，在这种神圣而又庄严的婚礼仪式上，能为这对珠联璧合、佳偶天成的新人做证婚词而感到光彩夺目，也是难得的机遇。

各位来宾，新郎先生现在××单位，从事××工作，担任××职务，今年××岁，新郎不仅外表上长得英俊潇洒、忠厚诚实，而且有颗善良的爱心，为人和善，不仅工作上认真负责、任劳任怨，而且在业务上刻苦钻研，成绩突出，是一位才华出众的好青年。新娘小姐现在××单位，从事××工作，担任××职务，今年××岁。新娘不仅长得漂亮可爱，而且具有东方女性的内在美，不仅温柔体贴、知人为人，而且勤奋、品质高贵、心灵纯洁；不仅能当家理财，而且手巧能干，是一位可爱美丽的好姑娘。

古人常说：心有灵犀一点通。是情是缘是爱让他们牵手在一起。此时此刻，新郎新娘结为恩爱夫妻，从今以后，无论贫富、疾病、环境恶劣、生存死亡，你们都要一生一心一意忠贞不渝地爱护对方，在人生的旅程中永远心心相印，白头偕老，美满幸福。

最后，祝你们俩钟爱一生，同心永结、幸福美满。

儿子婚庆上父亲讲话稿

各位领导，各位亲朋好友和同学，女士们、先生们：

大家上午好！今天是我儿子和儿媳喜结良缘大喜之日，承蒙各位在百忙之中前来见证我儿子儿媳的这一神圣时刻，让今天的婚礼庆典增添了隆重和喜庆。请允许我代表我们全家和亲家，向各位嘉宾表示最热烈的欢迎和诚挚的谢意。

在今天这个特殊的日子里，我的心情十分激动，心潮澎湃，百感交集，想想儿子，十年寒窗苦读，现已安身立命，看看儿媳清纯秀丽，知书达理，喜悦的心情难以言表。儿子和儿媳，他们从相识到相知，从相恋到相爱情真意切。今天走上了婚礼的殿堂，我为你们深深地祝福，祝福你们新婚快乐，百年好合。结婚就意味着新的生活开始了，也意味着一份沉甸甸的承诺，那就是一个男人的责任和担当。希望儿子加倍努力拼搏，为了家庭要不遗余力地付出，积累财富才能体现男人的英雄本色。别让你的岳父母失望，他们把这么好的女儿嫁给了你，是你的福气，也是我们全家的福气。你要用一生去珍惜她，爱她，呵护她，同心协力建立一个幸福的家，要孝敬双方的老人，做到从一而终。勤奋工作，做一个对社会有用的人。最后让我再一次向大家问好，祝大家快乐，幸福同享。吃好喝好，有不到之处敬请谅解。谢谢大家的光临！

婚礼上嘉宾代表致辞

尊敬的各位来宾，各位亲朋好友：

大家上午好。

天降爱神，××，××，嘉宾有约，蓬荜生辉，天时地利人和，成就了今天这一盛大热烈喜庆的婚礼。在这庄严的时刻，我能代表来宾向新郎新娘致辞感到十分的荣幸和自豪。

此时此刻，祝福的话语已汇成了海洋，欢乐与喜悦的心情写在了每个人的脸上，但我还要对两位新人送上最真诚的祝福，是缘分让你们牵手，是爱情让你们心心相印，愿你们的爱情像鲜花一样娇艳，像水晶一样透明，像钻石一样永恒，不论贫穷与富贵，都能相亲相爱牵手一生。

同时也希望两位新人在今后的生活中能够相互学习，相互尊敬，相互支持，相互包容，勤奋工作，用你们聪明才智去创造属于你们的美好明天。

同时也祝愿各位以及每一个家庭在新的一年里，合家欢乐，子贤孙孝，万事如意，身体安康。

第三节　主持素材

婚礼主持词

【开场】尊敬的各位来宾、各位朋友、女士们、先生们，大家上午好。今天是公元××年××月××日，在这样一个充满喜庆的日子里，我们迎来了新郎×××先生、新娘×××女士的结婚庆典。我是来自于中原婚庆主持团队的主持人，我叫×××。非常荣幸受到二位新人的委托，为他们主持并见证这一神圣而又浪漫的时刻，在此我代表两位新人以及他们双方长辈，对各位来宾的光临表示热烈的欢迎和衷心的感谢，谢谢你们！谢谢大家！（司仪给来宾鞠躬）

【新人入场】如果说爱情是美丽的鲜花，那么婚姻则是甜蜜的果实，如果说爱情是初春的小雨，那么婚姻便是雨后灿烂的阳光。在这样一个美妙的季节里，一对真心相恋的爱人，从相识、相知，到相恋，走过了一段浪漫的爱的旅程。好的，亲爱的朋友们，此时此刻，我想所有的嘉宾和我的心情都是一样的，都是怀揣着一颗万般激动的心情、期待的心情，等待着我们今天的新郎和新娘的出现，下面就让我们一起把所有的目光都聚焦在幸福之门，并且以最热烈的掌声有请两位新人步入这神圣的婚礼殿堂。

新人进场进行时：音乐在大厅回响，礼花在空中绽放，朋友们，来宾们，让我们祝福的掌声再热烈些，热烈些。

伴随着这美妙的音乐，一对新人正携手并肩向我们走来，他们正接受月下老人的洗礼，享受这人生中最美好的时刻，让时间定格在这里，让历史记住今天，公元××年××月××日，新郎×××、新娘

×××缘定今生，真爱永恒！典礼开始：鸣炮。

今天，是他们人生的转折点和里程碑，让我们用热烈的掌声祝贺他们吧。两人手挽着手走上礼台，这一刻是一幅两个人共同撑起的一方天空的风景，像两棵依偎的大树，枝叶在蓝天下共同盛放，树根在地底下相互盘缠。风也罢，雨也罢，每一刻都如此的美好，每一刻都是一首动人的情诗，每一刻都值得用所有的时光去回味……执子之手，与子偕老。这该是一种并肩站立，共同凝望太阳的升起、太阳落下的感觉；这该是一种天变地变情不变的感觉。

【拜天地】吉祥的日子，那么今天，我们的×××先生和×××小姐怀着两颗彼此相爱的心，终于走上了这神圣庄严的婚礼圣堂！

这正是，才子配佳人，织女配牛郎，花好月圆，地久天长！新郎新娘拜天地——

一拜天地之灵气，三生石上有姻缘；——一鞠躬！

再拜日月之精华，万物生长全靠她；——再鞠躬！

三拜春夏和秋冬，风调雨顺五谷丰！——三鞠躬！拜完了天地请新人面对来宾。

【宣誓问誓】朋友们，婚姻是相互的理解和信任，更是彼此的托付和珍惜。婚姻是爱与爱的交融，情与情的交换，更是心灵与心灵的碰撞，生命与生命的相连。传颂着一个美丽的爱情故事，交织出一个美好的爱情誓言。此时此刻我想新郎新娘都会有一句话想对彼此说，那么现在有请二位新人转过身来，相对而立，看着彼此的眼睛，新郎请你拉起新娘的手，在众人面前说出这份爱的告白吧。先生，当你的手牵定她的手，从这一刻起，无论贫穷和富贵，健康和疾病，你都将关心她，呵护她，珍惜她，保护她，理解她，尊重她，照顾她，谦让她，陪伴她，一生一世，直到永远，你愿意吗？（我愿意）掌声为新郎见证！女士，当你的手牵定他的手，从这一刻起，无论贫穷或富贵，健康或疾病，你都将忠于他，支持他，帮助他，安慰他，陪伴他，一生一世，直到永远，你愿意吗？（我愿意）掌声见证！

【交换信物】一句誓言承诺一生相随，一刻感动足以相伴风雨人生。此时此刻苍天播下了幸福的种子，大地盛开了吉祥的花朵，合法夫妻开始了他们美满的新婚生活，人生旅途掀开了他们崭新的一面，为了这个新家庭的诞生，他们带来了珍贵的信物，这信物象征着两个真诚不变的心，还包含着更多的责任和承诺。下面有请小天使给二位新人送上属于他们的爱情信物。新郎，真诚地望着你的爱妻，记住，×××是你今生无悔的选择！现在请将钻戒佩戴在新娘左手的无名指上。新娘，真诚地望着你的先生，记住，×××是你今生幸福的依靠！现在请将钻戒佩戴在新郎左手的无名指上。天长地久有时尽，此情绵绵无绝期。一枚小小的钻戒，牢牢地套住了他们绵绵的情，套住了他们彼此相爱的心。

【拥吻】现在，将你们两只带着戒指的双手紧紧地拉在一起并高高地举起接受大家的祝福吧。我们衷心希望你们记住今天彼此的诺言，永远把对方当成手心里的宝。那此时此刻，新郎你还在等什么呢？拥她入怀吧！用你那男人般有力的臂膀拥抱你的爱妻，拥抱你的天使，拥抱你心中的太阳！亲爱的朋友们，掌声响起，让我们祝福他们：执子之手，与子偕老。恩恩爱爱，直到永远！掌声在哪里？

【主、证婚人致辞】来宾朋友们：事业要前行需要领路人，那么幸福的婚姻当然也离不开我们的主婚人、证婚人。下面，掌声有请×××先生/女士做主婚人、证婚人致新婚贺词。

感谢×××先生/女士的精彩致辞，同时也让我们再一次把掌声送给×××。欢迎领导入席就座！

【圣火仪式点烛台】朋友们，烛光是幸福、温馨、喜悦、吉祥的象征，传说在婚礼上点燃的烛火是为了让新人在今后的生活中找到心灵的光明。现在就让我们再一次有请小天使送上爱的火种，让新郎新娘引燃这象征着星火相传的爱情火焰，点燃这象征着锦绣前程的水晶烛台。有请新郎新娘四手合力拿起你们爱的火烛；点燃你们新生活开始的烛光！乐曲悠扬，烛光闪亮。看：那燃烧的蜡烛，燃烧着他们爱情的火焰，照亮着他们美好的理想。预示着他们生活的幸福，象征着他们一生的安康。常相伴，永相随。情意的大地无限美，爱情的天空尽朝晖。手挽手来心连心，海誓山盟不变心。一对鸳鸯结同心，同甘共苦一条心，祝你们婚后的生活就像这爱的火种一样如火如荼、红红火火！掌声见证！

【有请父母上场】人世间最正直善良，无私奉献的，莫过于我们的父母。父亲的爱像一轮温暖而严厉的太阳，闪耀着光芒。母亲的爱像一眼清澈而甜美的泉水，静静地流淌。在人生的道路上，我们可以走得很远很远，却永远也走不出父母心灵的广场。下面有请二位新人走过去把劳苦功高、含辛茹苦的父亲母亲请上礼台！

【拜父母同时改口敬茶】来，新郎新娘请面对爸爸妈妈站好。请问新郎：二十多年的养育之恩能不能忘记？（不能）尊老敬老是不是我们中华民族的传统美德？（是）孝敬父母是不是我们每个公民应尽的义务？（是）那么请问我们中华民族尊老敬老的节日是不是重阳节？（是）是不是每年的九月初九？（是）九月初九回家看看能做到吗？（能）好，那就现在好好看看你的父母吧！二十多年了，如今父母已不再年轻，头上有了一些白发，腰身也不再挺拔，曾经明亮的眼睛也失去了往日的光华，脸上的皱纹也仿佛在诉说着岁月的沧桑和变化。可他们无怨无悔，依然对孩子充满着牵挂，他们最大的心愿就是孩子能够立业成家！×××，父母的养育之恩永远都不能忘记，来，拉起你最爱的人，走向你最亲的人，为你们的父母，敬上一杯甜甜的孝心茶。以感恩的心永远孝敬父母亲。请问新娘：爸爸要吃苹果梨，新娘快点来削皮，削不削？（削）吃不吃？（吃）父母将来要过大寿，你俩快把那钱给够。给不给？（给）真给假给？（真给）好！妈妈渴了要喝水，你赶紧端上那蜜糖水。端不端？（端）喝不喝？（喝）来，新娘请双手端一杯茶敬向妈妈，说一句：妈，你辛苦了，请喝茶。（妈妈喝茶喝一口后把红包递给新娘）喝了孝心茶，健康又发达！来，也给爸爸端上一杯茶。爸，辛苦了请喝茶。（爸爸喝茶后也把红包递给新娘）喝了儿媳茶，幸福是一家，先改口，再敬茶，新娘接受了爸妈的红包，把孝心化作三鞠躬献给爸和妈。

一鞠躬：一拜父母生育情，情深似海伴儿行；

再鞠躬：再拜父母养育恩，恩重如山记在心；

三鞠躬：三拜父母身体好，寿比南山永不老！

二位新人，再次重温爸爸妈妈那温暖的怀抱吧！（示意新娘主动上前和妈妈拥抱；新郎主动上前和爸爸拥抱）

此时此刻，我想所有的话语都将变得苍白，所有的情感都将在这一瞬间纵情宣泄，一个拥抱把两代人的亲情交融在了一起，朋友们，把掌声送给这幸福的一家人，也送给天下所有的父亲、母亲！

【家长发言】在今天这样一个喜庆的日子里，此时此刻，我想新郎的父亲一定有很多话想对新郎和新娘说，下面就让我们以热烈的掌声有请新郎的父亲发言……

【父母退场】新郎新娘，你们结婚以后，一定要记住常回家看看，父亲母亲一辈子不容易，就图个团团圆圆，平平安安！来宾们，让我们掌声有请父母亲入席观礼就座！掌声欢送！

【新人讲话】亲爱的朋友们，在这样一个喜庆的日子里，在这样一个美好的时刻，我想二位新人也一定有很多祝福和感慨。他们一定有感谢的话想对大家说。下面有请新郎官给大家讲上几句，来宾们掌

声鼓励！（新人讲话）

亲爱的朋友们，掌声接受！

【夫妻对拜】两情如水春（夏、秋、冬，什么季节讲什么词）为伴，夫妻对拜比蜜甜。接下来是夫妻对拜，二位新人向左向右转，在咱们这里有这么一个风俗，夫妻对拜的时候谁鞠躬鞠得越深说明谁爱对方爱得越深。

一拜有福同享，有难同当；白头偕老，风雨同舟——一鞠躬，谢谢您选择了我；我的心里只有你，相伴一生不分离。

再拜夫妻恩爱，相敬如宾；早生贵子，光耀门庭——再鞠躬，白头偕老；

三拜勤俭持家，同工同酬；志同道合，尊老爱幼——三鞠躬，永结同心！

【香槟酒塔】接下来，有请二位新人走到香槟酒塔的面前，来共同浇灌你们爱情的金字宝塔，请一对新人四手合力，共同托起这爱的香槟美酒，共同浇灌这爱的源泉。看！二位新人已经打开了他们幸福的源泉……看！这每一杯都在倾诉着一个爱的故事，这每一杯酒盛满了他们彼此忠贞不渝的诺言，让这香甜的美酒注入这晶莹的杯塔中，散发出爱的芬芳，汇聚成爱的海洋，让这甜蜜的一刻永远停留在你们的心头！让这温馨的时光永远在心海中荡漾！让我们衷心地祝福一对知心爱人有情人终成眷属！也祝福现场所有的成眷属者情深意更长，愿这爱情之水长流！爱情之树常青！同时也祝愿新郎新娘的婚后幸福生活就像这美酒一样香醇犹在、韵味悠长。掌声在哪里？

【交杯美酒】朋友们，洞房花烛夜，欢喜到天明，举杯邀明月，共饮相思情。那接下来有请二位新人面对面站好，来共同饮下这香甜的交杯美酒。下面有请礼仪人员为新人送上爱情的甘露、交杯美酒。

来，新郎新娘请你们各端一杯爱情的美酒，手挽手，臂挽臂，挽着星星，挽着月亮，挽着你们美好的幸福和梦想，喝上一杯永生难忘的交杯酒。新郎喝了这杯酒，能陪妻子到白头，新娘喝了这杯酒，能伴丈夫度春秋。这红红的交杯酒是两位新人用他们的情，用他们的爱酿造的，也只有真心相爱的人，才能喝得上这香甜的美酒。亲爱的朋友们，掌声响起来吧！让我们共同祝愿新郎新娘在以后的生活中相濡以沫、同甘共苦，幸福齐天、天长地久！

【抛花】朋友们，在今天这样一个吉祥的时刻，我们的新郎、新娘为大家准备了一份特别的礼物，大家都知道，红红火火的花球象征着幸福、吉祥和如意。那此时此刻，我们这对新人将用这种抛花球的形式来表达他们对大家的祝福。好，下面就请在场的所有未婚男女朋友们赶快到前台抢个好位置，朋友们，如果说你今天接到了这个吉祥之物，那么在你今后的生活中将出现一个又一个你想都想不到的惊喜，也许是你的事业会蒸蒸日上，也许你美丽的爱情将会在下一刻降临，也许是你的钱包会像这个花球一样圆圆鼓鼓，这种机会可要好好把握啊！

【礼成退场】伴随着祝福，亲爱的朋友们，让我们借着这美丽的花束，祝福所有还没有结婚的朋友都能够像我们的新郎、新娘一样早日有情人终成眷属。

【尾声】婚姻是什么？有人说，婚姻是男人停泊的海港，有人说，婚姻是女人幸福的天堂，其实，婚姻很简单，婚姻就是两个人在一起的时候，当你快乐时，她会与你一起静静分享，当你忧伤时，她会借给你停靠的臂膀，她会与你一起在人生的长河中乘风破浪，扬帆远航。朋友们，在婚礼即将礼成的时刻，让我们的新人面对所有的来宾深深地一鞠躬，感谢全场所有来宾的祝福，让我们在座的、所有来宾把你的祝福凝聚成喜庆热烈的掌声，欢送一对新人手牵着手，肩并着肩，心连着心，走向他们爱的世界，花的海洋，人生的辉煌！让我们把祝福相送，来，让我们踩着音乐的节拍，把掌声源源不断地送给新郎、新娘。掌声不断、祝福不断，伴随着掌声，伴随着祝福，我们的新人将踏上人生新的旅程，让我们共同祝愿他们的人生，一步一步辉煌、一步一步精彩！掌声欢送。

我宣布×××先生和×××女士的新婚大典到此圆满礼成。我是司仪主持人×××，在这里祝愿在座的所有来宾吃好喝好身体好。谢谢大家！

中秋晚会主持范例

开场白1：

鲁：今晚，我们真得感谢头顶上的这轮圆月，是它一泻千里的温暖清辉，将你我邀约，让全球华人的心在今宵、在此刻紧紧相连。

梦：月圆中秋，又是一年秋风浩荡守望圆月的美好夜晚，面对似乎同样的一轮圆月，今晚，您的心情是否一如往昔？那些美好的记忆是否还在？您是否还会对着明月遥寄祝福？

聂：今月曾经照古人，古人也曾望今月。正是这轮圆月让我们的心在岁月流逝之后依旧澎湃，潜在血脉里的故事逐一复苏，相信今晚，会给予我们新的感受和新的感动！

张：是的，今晚，我们在“皖江明珠，创新之城”的安徽芜湖，在湖光山色、风光绮丽的阳光半岛，在久远而又清新的徽风皖韵里，守望同一轮月亮。

季：芜湖是一座古老而又年轻的城市，地处长江下游南岸，早在两千五百年前，就因“湖网纵横，鸠鸟云集”，而得名“鸠兹”。今晚，当溶溶的月光随着滔滔的江水随风荡漾，更将我们的祝福载向远方。

曾：今晚的圆月是博大的，能容得下所有的祝福和思念；今晚的圆月是多情的，无论您是在他乡还是正在旅途，披在身上的月光都是亲人温暖的目光。

鲁：今晚，就让我们在中秋圆月下尽情歌舞，唱出我们今天的和谐与美好，唱出我们心中永远的——

合：中华情！

开场白 2：

田：月是期盼，月是挂牵；今夜，月圆如盘，看不见残缺的遗憾。

詹：月是幻想，月是浪漫；今夜，月光如水，清澈着我们彼此的友谊。

周：月是思念，月是圆满；今夜，月华如歌，唱响我们心中的激昂。

刘：月是执着，月是永恒；今夜，月美如玉，舞动我们青春的步伐。

田：人逢喜事精神爽，月到中秋分外明，在这满载丰收喜悦的金秋时节，我们又迎来了中华民族的传统佳节——中秋节。

詹：“但愿人长久，千里共婵娟。”借李白这句诗，在这里我们祝福所有为了永恒这个大家庭而远离故土的朋友家庭幸福、平安、快乐！

周：每逢佳节倍思亲，中秋节的这一份思念当然会更深切，在一轮皎皎明月高挂的时刻。我们热忱地欢迎永恒的朋友们相聚在此，激扬心中的梦想！

刘：无论在天涯还是海角，今夜有明月做证！我们将扬起理想的风帆，满载永恒的热忱，虔诚地祝愿“永恒的明天会更好！”

合：永恒公司“激扬梦想，炫动金秋”文艺晚会现在开始。（开幕词结束，主持人下台）

（公司董事长讲话）

田：中秋合家团圆，是中华民族的传统习俗。在这撩拨人心的中秋之夜，使天下所有人都沉浸在“千里共婵娟”的幸福之中……

詹：然而，却有多少永恒的员工朋友们仍然远离亲人，不能与家人团聚，默默奋斗在生产经营的第一线，创造着一个又一个的辉煌。

田：是啊，我们应该将最诚挚的祝福送给他们。

詹：这最美好的祝福还是由我们的董事长来送吧，掌声有请董事长……

开场白3：

女：秋风送爽，中秋月更圆。踏着时代的鼓点，我们又共同迎来了一年一度的中秋佳节。

男：华灯绽放，天涯共此时。在这万家团聚的节日里，我们三力大家庭又欢聚在一起，共享这明月，共赏这美景。

女：此时此刻，天上的嫦娥想必也悄悄地探出头来，羡慕地注视着我们，……因为天宫太寂寞了。

男：此时此刻，月宫里的吴刚大概正手捧着桂花美酒发愁呢，……美酒邀谁同饮呢？所以他也只能羡慕我们。

女：是的。正是因为有了我们千千万万个“舍小家，为大家”的三力员工，才有了三力这个大家庭的欢乐与祥和；也正是因为有了全体员工的不懈努力，才有了今天三力的繁荣和昌盛。

男：是啊。中秋合家团圆，是中华民族的传统习俗。这撩拨人心的中秋之夜，使天下所有人都沉浸在“千里共婵娟”的幸福之中……

女：然而，却有多少××员工包括我们今天在座的一些员工仍远离故土、远离亲人，不能与家人团聚，默默奋斗在第一线，创造着一个又一个辉煌。

男：对，我们应该将最诚挚的祝福送给他们。

女：这最美好的祝福还是由我们简总来送吧。有请简总中秋致辞。

串场案例：

1. “情人怨遥夜色，竟夕起相思。灭独怜光满，披衣觉露滋。”我们不妨来个设想若是唐代诗人张九龄能够穿越时空来到今天我们的网络中秋，那么他一定不会这么写了。难怪我们记得最深的是“海上生明月，天涯共此时”了。朋友们，让我们感谢我们的茶座星，并记住今天吧。接下来有请北京音乐网的胡旋为大家带来一曲经典古曲琵琶演奏《春江花月夜》。有请胡旋！

2. （女）古诗古词朗朗吟咏，古曲古韵铮铮入耳，我们民族五千年的文化音律垒就流传千年的经典。好一个“春江潮水连海平，海上明月共潮生”。接下来请欣赏军之魂聊天室给我们带来一曲《军中绿花》，有请军兵！

3. （男）“妈妈，你不要牵挂，孩儿我已经长大，站岗值勤是保为国家，风吹雨打都不怕……”虽然现在已是明月如霜，好风如水，清景无限时，但共守一轮明月，月圆人难圆，这就是我们中国军人的中秋佳节夜，为了更多的家庭幸福团圆，为了祖国的安宁，他们舍弃了自家的团圆。在这里让我们向所有的军人朋友们和他们的亲人道一声：你们辛苦了！接下来请欣赏军人论坛给我们带来的节目，有请军鹤为我们送上一曲苏联歌曲《莫斯科郊外的晚上》。

4. （女）“小河静静流，微微泛波浪，水面映着银色月光……”无论在哪里，无论是哪里的月亮，我们共守同一轮明月。感谢军鹤的演唱。接下来请听开心军团带来的节目，有请开心骑士给大家送上一曲《十五的月亮十六圆》。

5. （男）夜深人静，在宁静朦胧的月色中，不知道有多少人在那儿眺望星辰，用思念寄托着思亲之苦。在今夜这个十五的月亮十六圆的夜晚，我们祝所有的朋友都团团圆圆。今天我们的节目可谓丰富多彩，接下来请听我们紫云馨苑的紫苑咣当给我们讲个故事《扔靴子接龙》。有请紫苑咣当。

6. 李白的“举头望明月，低头思故乡”；杜甫的“露从今夜白，月是故乡明”；王安石的“春风又绿江南岸，明月何时照我还”等诗句，都是千古绝唱。月到中秋分外明，据考证今年的中秋月是最圆的。这就是中国的月亮，明月做证，愿我们的祖国更加美好。接下来请出我们的开心果果给我们带来朗诵《三江望月》。有请开心果果！

结束语1：

男1：“每逢佳节倍思亲”，中秋时的这一份思念当然会更深切！

女1：“但愿人长久，千里共婵娟。”中秋总是给人们寄托最好的祝福！

男2：“海上生明月，天涯共此时。”月亮是我们友谊最好的证明！

女2：“举头望明月，低头思故乡。”明月会更加勾起我们的思乡之情，希望今晚这样的团聚能够带给大家一种家的感觉，来慰藉那强烈的思乡之情！今天我们晚会就要接近尾声了！

男1：我希望大家在以后的学习生活中能够放飞自己心中的歌，舞出自己的情！

女1：希望我们所有的新生能够在未来大学的四年的学习生活中都放飞自己心中的梦想，实现自身的价值，请相信我们自己永远都是最棒的！

男2：因为，我们有慈母一般的老师，严父一般的教官给我上好了大学的第一课——军训，所以我坚信我们大家在回到学校后的学习和生活中都能够放飞自己心中的歌，舞出自己的情，实现自己的理想，在大学四年中能够让自己的理想变成现实！

女2：在这里，请允许我，代表所有我们08级参训的新生向侠骨柔情般的教官和和蔼可亲般的老师说一声

合：“谢谢，谢谢你们！”（敬军礼，四个主持人同时环绕全场最好）

男 1：更希望，我们武汉电子信息学院的明天会因为新生的到来更加的美好！

女 1：更希望，今天我为身为我们学校的一员而骄傲，四年后，我们学校因为我是其中的一员而自豪！

男 2：更希望，我们自己都能够放飞自己心中的那只鸽，放飞心中最美好的梦想！相信我们大家都是最棒的！

女 2：好了，今天的晚会就要结束了！希望能给大家留下个美好的回忆！回忆起我们一起参加军训的你、我、他，请大家记住今天"2008 年 9 月 14 日"中秋节！

男 1：最后，还是希望大家：

合：中秋快乐！再见。

结束语 2：

鲁：中秋圆月，辉映天地梦；中秋月光，温暖无限聂；但愿人长久，千里共婵娟。

张：祝福全体华企同学中秋快乐，生活和谐。

季：祝福华企，明天更美好。

曾：祝福祖国，明天更辉煌！

鲁：亲爱的观众朋友们，《华企梦 · 中华情》2014 年中秋文艺晚会到此结束。

合：再见！

结束语 3：

今夜，歌声嘹亮，我们歌唱祖国，歌唱家乡，歌唱我们伟大的中国共产党！

今夜，激情飞扬，我们缅怀先烈，回顾历史，把祖国无限美好的前景展望！

让我们将美妙的旋律融入衷心的祝愿，祝愿泉州的人民幸福安康！

让我们将动人的歌声化作深情的祝福，祝福我们的祖国繁荣富强！

今天的晚会到此结束，祝大家晚安！

新年晚会主持范例

开场白 1：

甲：新年的钟声即将敲响，时光的车轮又留下了一道深深的印痕。伴随着冬日里温暖的阳光，满怀着喜悦的心情，2014 年元旦如约而至。

乙：新年拉近了我们成长的距离，

甲：新年染红了我们快乐的生活，

乙：新年让我们截取下了四季的片段。

甲：新年给了我们人生的禅想。

乙：在这一刻，我们已经感受到了春的气息。

甲：今天，我们相聚在这里，享受缘分带给我们的欢乐，享受这段美好时光。

乙：今天，我们相聚在这里，一起用心来感受真情，用爱来融化冰雪。

甲：今天，我们相聚在这里，敞开你的心扉，释放你的激情。

乙：今天，我们相聚在这里，这里将成为欢乐的海洋，让快乐响彻云霄。

甲：今天，我们欢聚一堂、载歌载舞。

乙：今天，我们激情满怀、心潮澎湃。

甲：今天，我们送去我们的祝福。

乙：带着祝愿，带着嘱托。

甲：埋藏已久的期盼，化作今日相逢的喜悦。

乙：看，阳光灿烂，那是新年绚丽的色彩。

甲：听，金钟朗朗，这是新年动人的旋律。

合：在诗与画流动的佳节里，我们一起庆贺快乐的节日。2014 年元旦联欢会现在开始！

开场白 2

合：亲爱的老师、同学们！

合：大家新年好！男：新的钟声，女：新的一年，男：新的祝福，女：新的期待。

男：2013 年在成功和收获的喜悦中渐渐远去了。

女：2014 年的钟声即将敲响。男：回首往事，我们满怀豪情。

女：展望未来，我们重任在肩。男：送你一千个祝福，祝福里有我的万语千言。

女：送你一万个祈祷，祈祷里是我晶莹的杯盏。

男：让欢笑伴着你，欢笑的名字叫灿烂；女：让温馨伴着你，温馨的名字叫永远。

男：我的祝福飘在长风里，如歌如梦；女：我的祈祷飘在雪花中，如诗入画。

男：没有松风的秋，雁去长空；女：没有飞雪的冬，乍暖还寒。

男：一夜高风凋碧树，凋不了青春不灭的火焰；

女：满地余寒露凝香，凝不住你绝美的年华。

男：在这笑声与歌声汇成的海洋，女：在这永恒与温馨筑就的圣地，合：我们欢聚在一起。

男：光阴似箭，我们即将迎来新的一年。

女：今天大家在这里欢聚一堂，迎接元旦的曙光。

男：这一刻是美好的，女：这一刻是温馨的，合：这一刻是充满激情的。

男：让我们手牵手，女：让我们肩并肩，男：让我们跳起来。

女：让我们唱起来。男：歌唱春天，女：歌唱未来，合：歌唱辉煌的××年××班。

开场白3：

女主持：尊敬的各位来宾，女士们、先生们，大家好！“南海——又一村庆新年”元旦晚会正式开始！我是主持红儿。

男主持：我是主持寒风。今天，是喜悦让我们相聚在一起；今天，是共同的畅想让我们手拉手来到这里；今天，是我们共同走过一年的终点，也是我们畅想新的一年的起点；今天，让我们用真诚的火花将激情的火焰点燃；今天，让我们为又一村的明天更添绚丽一笔；今天，让我们迈着有力的步伐登上又一村大舞台。

女主持：春风是寒冬的向往，丰硕是金秋的向往，雨露是大地的向往，海岸是风帆的向往。又一村，一个精彩的网络平台，一个充满真诚温馨的网络家园，一个联系四面八方有着共同美好心愿的心灵港湾。五彩的光环围绕在她的身边，而她也正期待着我们的到来。就在今天，我们通过网络向她走来。

男主持：剪一缕清冷的月光，点燃我们热切的呼唤。让云悠悠的思念飞过天涯，走向你。拾一枚石子，击打我不安的灵魂。让泪水涔涔的祝福漫过海角，走向你。许一个美好的心愿，祝你新年快乐连连，送一份美妙的感觉，祝你来年万事圆圆，送一份漂亮的礼物，祝你微笑甜甜。

女主持：身在异乡为异客，每逢佳节倍思亲！家，永远是游子们心中的主题，他们怀着希望在外漂泊，心中不停默念，有谁来实现我想家的呼唤！点燃一根希望的火柴，照亮回家的路，拨亮了我们被尘俗迷雾笼罩着的心，指引着我们共同构筑一个充满善良和友爱的生命乐园。

男主持：风儿轻轻掠过，是在传递什么？还是在等什么？传递着我们的歌声，笑声，等待着你我精彩的人生！有请又一村村长海浪先生为所有朋友和来宾祝新年贺词。

结束语 1：

今天，是节日的喜悦和欢乐让我们相聚在一起；今天，是热情的缘聚和友情让我们相逢在一起。同时，感谢所有的来宾和朋友们，一起来参加这个圣诞晚会，和我们共同度过这个快乐、祥和的夜晚。让我们用歌声和祝福迎接圣诞的钟声；愿明天更加美好，让我们为明天的平安和幸福虔诚祈祷、祝愿！尽情地高歌狂欢。

伴着北国飞舞的雪花，伴着我们的欢声笑语，新年来了。在这欢乐的节日气氛里，带着来年新春的祝福，带着对幸福美好的憧憬。

伴着新年的钟声，伴着元旦快乐的歌声，愿每一个虔诚祈祷和心愿，在来年都能够实现。

你走来，我走来，我们走到一起来，带着新年的祝福，我们走到一起来。愿我们的友谊地久天长。

愿大家笑口常开，歌声常伴，爱永相随；

祝愿大家在新的一年里万事如意，好运常在，平安快乐！

让我们举起杯，为美好的明天祝福！愿世界美好，生活更美好！

朋友们，带上此刻这份愉悦的心情，带上我们真挚的祝福，去迎接美好的明天吧！　因为相聚，让我们分享了这快乐的时光，　因为圣诞，让我们承载无尽的祝福。

让我们真心地祝愿：Merry Christmas ！圣诞快乐！愿我们今晚许下的所有心愿来年都一一实现！

结束语2：

合：所有的日子都来吧，让我编织你们。

女：让我编织你们，用青春的金线，

男：让我编织你们，用燃烧的信念。

女：编成绚丽的岁月，

男：编成遐思的年华。

合：所有的日子都去吧，生活中我快乐地向前。

女：让我说一声新年好，看雪花飘舞，花儿如潮。

男：让过去的日子如水流，让将来的日子如拂晓。

女：愿雨里有你的收获，

男：愿风中传你的捷报。

女：阳光中我为你祝福，

男：月光下我为你祈祷。

合：岁岁年年，年年岁岁。

合：亲爱的老师、同学们，

合：再见！

周年庆主持范例

开场白1：

樊：尊敬的领导，各位来宾，亲爱的同事们，

（齐声）：大家上午好！

董：五色的彩虹，托起了人间的美好；

樊：七彩的浪潮，卷起了大地的欢歌；

董：辛勤耕耘，换来崭新的收获；

樊：展望明天，让我们携手同行。

董：在这春光旖旎，绚丽多彩的季节里，我们迎来了海岸万方两周岁生日的大喜日子。

樊：同时也是北京京新富源成立 12 年、北京新源万方成立 6 年的喜庆之日。今天，三个公司的同仁以及各位尊贵的来宾相聚在一起，共庆这美好的时光。

董：在此，让我们献上内心的祝福，祝海岸万方

（齐声）：生日快乐!!

樊：首先，请允许我们代表公司全体员工，向关心和支持我们的各位领导和来宾表示崇高的敬意和衷心的感谢，让我们以热烈的掌声，欢迎他们的到来!

董：同时，也允许我们代表公司向各位员工表示亲切的慰问，感谢大家付出的辛勤劳动。

樊：下面让我们用热烈的掌声欢迎公司创始人虞总为我们致辞。

开场白 2：

（音乐：《好日子》《花好月圆》《喜洋洋》等迎宾歌曲）

S：红红火火的乐声，奏出了浓浓的喜庆；

欢快动听的音符，编织着美好的祝福。

亲爱的各位同事，各位来宾，大家下午好！我是主持人×××，欢迎大家莅临×××有限公司成立七周年庆典活动的现场。

今天的你我笑逐颜开，掌声、欢呼喝彩汇集成最隆重的庆典；

今天的舞台流光溢彩，鲜花、美酒佳肴交织成最美丽的色彩；

在这个美丽的季节里，我们迎来了×××公司成立七周年庆典酒会。

在此，对在座每一位应邀前来的员工（及家属）致以最热烈的欢迎、最崇高的敬意以及最衷心的感谢。并且让我们一起祝福×××生日快乐！

七年来近2600个日日夜夜，对于你们来说，饱含了太多的感情和心血，难以用语言来形容。正是有了大家的辛勤工作和全心扶持，×××才能茁壮成长，不断发展壮大。七年的风雨兼程见证了×××的成长，七年的流金岁月见证了×××拼搏进取、开拓创新的足迹。下面让我们以最热烈的掌声有请×××公司董事长×××先生致辞。

谢谢×××的精彩致辞，让我们再一次把最热烈的掌声送给他！好的，下面我宣布×××公司成立七周年庆典酒会正式开始！曾经有一位伟人这样讲过，团结一致，同心同德，任何强大的敌人，任何困难的环境，都会向我们投降；个人的力量是渺小的，众人齐心却可以共同撑起一片蓝天。让我们用热烈的掌声有请×××为我们带来《众人划桨开大船》。

结束语1：

樊：欢乐的时光总是短暂的，但它带给我们的却是可以回忆很久的深刻记忆。

董：今天，我们欢聚在这里，共同为我们的成就见证着。

樊：明天，相信我们会取得更加辉煌的成就！

董：我们秉承稳健的为人之道，坚韧求实的办事作风。

樊：我们相信在社会各界朋友的帮助下，经过自身的努力拼搏，公司一定会逐渐成长壮大。

董：一艘刚刚起航的轮船，让我们一起向往建设更美好的明天！

结束语2：

伴着这样一首《好人好梦》，我们今天的庆典活动表演也就拉下了帷幕。

今夜，我们欢聚一堂，载歌载舞。今夜，我们满怀激情，心潮澎湃。再次衷心地感谢今晚到场的每一位来宾，也感谢为××付出第一个七年的同事以及那些在背后默默支持他们的家人。没有大家的共同扶持，就没有××今日的辉煌。

今天我们为××庆贺，期待我们下次再相会！××公司成立七周年庆典酒会到此结束，谢谢大家！

【附录B】

企业家魅力演说训练营

企业家学习会是华企产业联盟旗下一个由一群热爱学习的企业家自发成立的协会，通过企业家的相互学习与分享，搭建一个企业家终身学习的最佳平台，推动企业家的共同成长。

学习会以“学习、分享、互助、共进”为理念，倡导企业家们“学以致用、以学会友、以友为师”，让企业家“学得进、说得出、用得上”。协会以“学习分享”为内容，以“积分管理”为工具，以“专家小组服务”为手段，以“共同成长”为目的，通过组织各种形式的学习与分享活动，加强相互间信息、知识与经验的交流，促进企业之间的资源整合及事业发展，提升企业家群体的综合素质，为中华民族的伟大复兴做出应有的贡献。

企业家魅力演说训练营专为企业家及有梦想、渴望改变命运的人量身打造。目的是帮助学员克服紧张情绪，学会基本的公众演说技巧，掌握规范的站姿、目光交流及肢体语言等，学会搭建演讲的框架，做到言之有序，言之有物，言之有理，从而不断提升境界，增加影响力，更快实现梦想。训练营运用间隔重复的理念，通过浸泡式训练方法，使学员快速克服演说紧张，学会演说技巧，让学员在商场和职场中从默默无闻，不敢讲、不会讲的人成为一名不仅敢说，会说，而且具备优雅仪态和掌握技巧的演说者，全面提升学员的个人魅力和自信心。

课程特点

（1）小班制授课，每次开班限招 20 人，确保每一名学员在系统的培训中，每人登台实践机会达几十次之多，确保培训效果；

（2）标准化、结构化的课程体系，要点突出、脉络分明；

（3）授课与示范、研讨、演练、现场点评紧密结合；

（4）演讲“三一一五”训练法：30%讲解、10%示范、10%讨论、50%体验；

（5）按周授课，整个训练时间长达一个月，让学员有充分的时间消化吸收；

（6）课程为学员实践提供不少于20次的命题发言、即席发言、有备发言、无备发言的实践机会，多主题发言实践训练，为学员提供大量实用的技巧和方法，对学员生活工作事业有极佳贡献；

（7）将培训课程与企业家主题沙龙相结合，两大平台互动，全面提升演讲水平；

（8）循环开班，因基础太差或出勤率不高等原因，不能达到满意效果，可免学费参加复训。

课程内容

第一模块：突破障碍，自信开口；

第二模块：着装、肢体语言与声音训练；

第三模块：演说内容设计；

第四模块：互动、问答与控场技巧；

第五模块：魅力演说技巧；

第六模块：告知型、说服型、社仪型等不同类型演说技巧；

第七模块：演说风格塑造；

第八模块：演说境界提升。

结业：结业演讲比赛，展现自我风采，沟通无处不在。

课程效果

（1）本课程是循序渐进，每课重点不同，保证你学完之后可以立竿见影并在生活中运用，在舞台上光芒万丈，创造非凡信心；

（2）建立信心，让你在开会讲话、当众发言方面不再紧张、胆怯；

（3）轻松生活，让你在社交场合侃侃而谈，让以往的不会说话、尴尬等感觉消失不见；

（4）快乐工作，让你在竞职演讲、比赛演讲中大展风采，让人刮目相看；

（5）提升演讲能力，如果你心怀演讲梦想，想在演讲事业中大展宏图，我们为你铺设演讲之路，为你的演讲事业提供最贴心的服务。

报名热线：涂老师　18606968006　　报名邮箱：64653727@ qq. com

华企产业联盟公众微信号

扫一扫，关注我

微信公众平台账号

微信名称：华企产业联盟

微信号：qz-hqlm

企业家学习会微信群

扫一扫上面的二维码图案，加入该微信群

企业家学习会
第二期魅力演说训练营

女企业家魅力演说训练营
企业家学习会

Nov
9
魅力演说训练营结业演讲比赛！
泉州市
InstaMag

比赛风姿